中国高等院校服装·纺织品艺术设计专业系

服装展示设计教程

Fuzhuang Zhanshi Sheji Jiaocheng

孙雪飞　编著

第三版

东华大学出版社·上海

图书在版编目（C I P）数据

服装展示设计教程／孙雪飞编著.—3 版.—上海：东华大学出版社，2018.2
ISBN 978-7-5669-1265-7

I.①服装…II.①孙…III.服装－陈列设计－高等学校－教材 IV.TS942.8

中国版本图书馆CIP 数据核字（2017）第183139 号

责任编辑：谢　未
装帧设计：王　丽

服装展示设计教程（第三版）
Fuzhuang Zhanshi Sheji Jiaocheng

编　　著：孙雪飞
出　　版：东华大学出版社
（上海市延安西路1882 号　　邮政编码：200051）
出版社网址：dhupress.dhu.edu.cn
天猫旗舰店：http://dhdx.tmall.com
营销中心：021-62193056　　62373056　　62379558
印　　刷：深圳市彩之欣印刷有限公司
开　　本：889mm × 1194mm　　1/16
印　　张：7.25
字　　数：255 千字
版　　次：2018 年2 月第3 版
印　　次：2023 年7 月第4 次印刷
书　　号：ISBN 978-7-5669-1265-7
定　　价：59.00 元

前言
FORWARD

这本教材自 2008 年出版，2012 年改版以来，得到了广大院校师生的认可，并于 2015 年被中国纺织服装教育学会评为"十二五部委级优秀教材"。目前已经改版至第三版。随着艺术与科技的不断进步，以及市场竞争的因素使得近年来出现了许多好的服装展示创意和精美的设计作品。因此这次再版时每一章都增加和调整了许多新的图例，力图将好的服装展示设计作品推荐给读者。

展示是一种古老的行为，是自然赋予的一种生存本能。随着社会的进步，展示的内涵日益丰富，展示活动被赋予了更多的社会意义。现代社会经济的不断发展，商业竞争的日趋激烈，展示对于文化的传播，经济的作用也越来越显著。展示设计涉及的范围很广，包括博物馆展示、展览展示、交易会展示、商业销售场所的展示等。服装展示设计只是展示设计中的一个方向。但服装在人们生活中的地位以及服装产业在整个创意文化产业的地位是不容忽视的。服装展示包括展览展示、服装展演展示、服装终端销售场所的展示等。

本书主要针对服装终端销售场所的展示，以服装商业展览的展示设计为辅进行论述。电子商务的飞速发展，深刻地影响着传统商业的模式，同时在客观上拓展了服装展示设计的领域，服装网店、网页的设计逐渐形成独立的职业并快速成长。本书在再版过程中增加了服装品牌网店的内容。社会发展带来了物质生活的不断繁荣，同时也带来了许多的负面影响和社会问题。随着时代的进步、现代生活观念的转变以及人类对自身生活环境的关注，越来越多的人开始反思物质需求的膨胀、对资源的无节制开发和人造废弃物对环境造成的危害。可持续发展的观念开始被越来越多的人认识。第二章展示设计基本法则中强调了可持续发展的内容。

书中大量图片为著者近年来在工作过程中收集的资料，也有一些本人参与的展示设计项目资料和其他设计师的设计作品。作者希望这本教材能以图文并茂的形式，浅显易懂的语言文字给学生一条明晰的学习思路。

编 者

2017 年 12 月于北京服装学院

目 录

CONTENTS

第一章 展示设计概论

1.1 展示设计的含义

展示相对应的英文词汇是"Display",带有显现、展出、示范、演示的意思。

展示设计是以空间为前提,结合视觉传达艺术等多种手段的信息传播行为,并通过信息传播达到对观者的心理、行为产生影响的创造性艺术设计活动。展示设计涉及到营销学、市场学、心理学、视觉艺术等多学科知识。展示设计相对应的英文是"Display design"。展示设计包括博物馆展示、展览展示、交易会展示、商业销售场所的展示等。

服装设计是牵涉到美学、社会学、心理学、人体工程学等多学科的综合性学科,所以服装展示设计也是一门综合性学科,是通过对产品、橱窗、货架、通道、模特、灯光、色彩、音乐、POP 海报等一系列服装展示设计元素进行有目的、有组织的科学规划,把商品和品牌的物质与精神传达给受众的创造性意识活动,从而达到促进产品销售,提升品牌形象的一种视觉传达艺术,是服装终端销售场所最有效的营销手段。服装展示设计可以翻译为"Fashion display design"。

服装展示设计只是展示设计的一个门类。本书主要针对服装终端销售场所、服装商业展览的展示设计进行论述。

1.2 展示设计的发展

1.2.1 展示的起源

展示是一种最古老的行为,是自然赋予的生存本能。植物通过展示自身鲜艳的色彩或独特的气味吸引昆虫,帮助它们传播花粉;动物通过展示自身或强大或美丽的优势来吸引异性,从而获得繁衍后代的机会。原始人类纹身鲸面,将猎物的牙齿、骨头挂在身上,都是有目的的展示行为(图1-1)。当然,人类的展示行为除了生存本能外还融入了更多的社会因素。商业目的的展示可以追溯到上古时

图1-1 原始人类的展示行为

期，社会发展产生分工，有了剩余产品，出现了产品交换。为了使交换顺利进行，就要使产品看上去有吸引力，产品所有者将最好的产品置于最显眼的位置，以便把产品的信息传递出去。这也可以说是最早的商业展示形式。无论是出于本能还是出于社会原因，所有的展示都是在展示自己的物质和精神，是一种有目的的向外界传递信息的行为。

1.2.2 展示设计的发展

随着社会的进步，分工细化，剩余产品增多，产品交换买卖逐渐发展，集市贸易逐渐发达。我国殷周时期就已出现专门从事商业活动的商人。展示艺术历史悠久，春秋战国时期即出现了在店铺门窗悬挂实物或标志作为产品广告的现象。封建社会中期，各大城市都具备了发达的集市贸易，有出售各类商品的店铺，各店铺有自己名号的牌匾、招牌、专门的货架和展示道具。不同品类的产品有约定俗成的标志，有些甚至一直沿用至今。例如图1-2中的酒旗，人们一看到这个标志就会自然地同酒楼、饭店联系起来。早在隋炀帝时，就曾在甘肃武威举办过盛大的商业贸易博览会。清晚期有了对外开放的博物馆和展览馆。

世界文明起源早的国家如古埃及、古巴比伦、古希腊、古罗马很早就有博物馆。展示艺术也是伴随经济发展、社会进步，集市、庙会、博物馆的发展而发展起来的。

现代意义的商业展示技术兴盛于欧洲商业、百货业发展的早期。现代展示艺术不仅服务于零售业，还涉及房地产、餐饮等各个行业（图1-3，图1-4）。展示艺术的发展是商业经济进步的显著标志，也是信息

图1-2 酒旗

图1-3、图1-4 香港稻香餐厅，展示墙上展出了五谷杂粮的标本

图1-5～图1-8 I-pod极富视觉冲击力的广告

传播的重要手段。只要有商品存在，就必然存在展示艺术。现代的展示活动已不再是简单的传递信息，而是对信息进行解读用以传播信息的差异。展示设计是广告传播的重要手段，是通过对信息进行强化和表现来放大信息的差异性，从而达到吸引受众的目的。

展示的意义在于不仅要让受众知晓信息，还要让人相信，让人感动，进而使受众付出行动。因此，在当代商业经济发达的社会，展示目的的实现程度取决于展示对于产品信息的解读强化是否足以打动受众，信息的传达是否高效。最典型的信息高效传达案例是I-pod。在各大城市主要街道的大型户外路牌、街边广告牌、地铁，都可以看到I-pod极富视觉冲击力的广告。陶醉在音乐中的极富动感的黑色人物剪影，只有I-pod的形象是彩色的（图1-5～图1-8）。使人产生无限遐想。不仅让人知道i-pod是什么，有什么作用，而且还让人们相信，使用这个产品，会像广告中的人物一样快乐陶醉，让人不断被这种情绪感染、感动，进而付出购买行动。

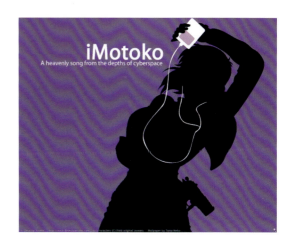

在当今信息时代，信息的过度爆炸使公众显得或无所适从，或无动于衷，社会风尚的不断变化使公众的接受心理不断变化，获取信息的渠道和信息反馈的获得更加复杂多样，促使信息的传播方式也不断地发展演绎。

1.3 展示设计的特征

现代展示设计不仅是简单的向外界传递信息的行为，更是一种有目的的对信息进行强化来传播信息差异的行为。它更注重高效传递和信息反馈。展示设计在营销中有着重要的地位。它包括以下一些特征：

1. 以形象为载体，以视觉语言为主要工具的信息交流方式

展示设计中所要传达的信息主要通过语言、文字、图像、实物来表述，通过视、听、触等方式传递。由于人类文化的多元性，使得语言、文字的交流存在一定障碍，而视觉语言更利于广泛传

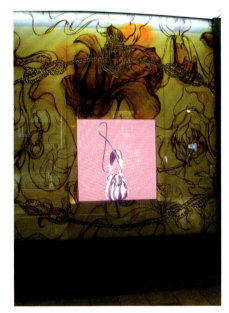

图1-9～图1-11 高端品牌服装展示橱窗中都应用了液晶屏，用动态的演示方法展示了最新的设计产品

播。所以展示活动主要是通过实物形象的展示和平面的视觉语言来传达产品信息。

2．多维的空间艺术

展示艺术是平面与空间，视、听、触等结合的艺术。由于技术的进步和竞争越来越激烈，使得现代展示设计的手段日益丰富，以适应不断发展的商业展示需要。形、色、声、光等构成一个多维的展示空间，将产品的信息强化和夸张，使信息传播的效率成倍增长（图1-9～图1-11）。

3．科学与艺术的结合

随着时代的进步，科技的发展，现代展示设计从观念到技术也在日新月异地发展变化。展示设计的发展必然要不断地运用各种新材料新工艺，通过不断引入更新的媒介参与展示设计，让受众感受耳目一新的独特的展示艺术魅力和产品诱惑（图1-12～图1-15）。

4．受众的广泛性

我们所处的信息时代也是竞争异常激烈的时代。人们在日常工作、生活中，每天都可以接触到上千条信息，每作一个决定都会受到各种信息的左右。生活方式的改变使得人们接受信息的目的也在改变。获取更多的信息是为了增长知识、了解行情。现代展示设计的目的在于不仅要传递信息，而且要使信息传递范围更大，受众更广泛，传播效率最大化。

图1-12 服装展示设计中利用多层透明胶片，通过层层叠加，获得一个具有丰富视觉效果的综合图像

图1-13 动态的形象总是比静态的形象更容易吸引人的注意力，这个服装店在展示中使用了动态传送装置传送架上的服装，不断循环转动，以此吸引观众的眼球

图1-14 服装橱窗展示设计中，利用新技术，在平面空间中营造立体的效果，十分引人注目

图1-15 新的材料与新的展示方式，产生耳目一新的独特效果

5.综合性

展示设计是一门综合性学科,涉及到市场学、营销学、心理学、视觉艺术、建筑艺术、美学等多门学科的知识。现代展示设计需要融汇建筑设计、工业设计、平面设计、环境艺术、影像设计、舞台设计、照明技术、装饰材料。随着电子商务等现代商业模式的发展,网页设计以及其他一些新兴的设计学不断地应用到展示设计中(图1-16、图1-17)。

1.4 展示设计的分类

展示设计可以从展示的功能、内容、形式或手段等不同角度进行分类。

(1)从展示的形式上分类,可分为展览会、博览会、博物馆展示、商业空间展示等。

(2)从展示的形态上分,可分为空间展示和演播展示。

空间展示包括:建筑空间、环境空间、移动空间。

演播展示包括:表演、影像、网络(图1-18~图1-20)。

(3)按照参展地区分:地方展、全国展、国内展、国际展。

图1-16 服装品牌网页——产品详情页

图1-17 服装品牌网页——首屏截图

图1-18 演播展示——时装表演

图1-19 演播展示——影像

图1-20 演播展示——网络首屏
截图

第二章 服装展示设计基本法则

2.1 服装展示设计的基本法则

服装展示设计离不开人与物两方面的要素。人的要素指信息发出者与受众，也即品牌经营者、销售者与顾客。物的要素包括品牌产品展示的环境、销售的场所、商品和展示道具等在展示空间中涉及到的物质元素，以及色彩、造型、光影等视觉要素。现代展示设计中有时还会涉及到听觉与嗅觉的应用。在服装展示设计中将产品、光影、色彩等视觉语汇与声、嗅、味等其他元素构建成一个立体体系，将品牌与产品信息在有限的时间和空间中以多维形式尽情展露，控制性地传递信息，使信息传播效率达到最佳。展示设计的基本法则有：

1．可持续发展的设计

社会发展带来了物质生活的不断繁荣，同时也带来了许多的负面影响和社会问题。随着时代的进步、现代生活观念的转变，以及人类对自身生活环境的关注，越来越多的人开始反省物质需求的膨胀、对资源的无节制开发和人造废弃物对环境造成的危害。可持续发展的观念开始被越来越多的人的认识。

可持续发展涉及可持续经济、可持续生态和可持续社会三方面的协调统一，要求人类在发展中讲究经济效率、关注生态和谐和追求社会公平，最终达到人的全面发展。在人类可持续发展系统中，经济可持续是基础，生态可持续是条件，社会可持续才是目的。22世纪人类应该共同追求的是以人为本位的自然——经济——社会复合系统的持续、稳定、健康发展。可持续发展虽然源起于环境保护问题，但作为一个指导人类走向21世纪的发展理论，它已经超越了单纯的环境保护。它将环境问题与发展问题有机地结合起来，已经成为一个有关社会经济发展的全面性战略。现代设计的理念将越来越多地体现对资源的可持续利用而不是盲目的开发，所以强调资源的可持续利用应该是现代展示设计的首要原则。

2．功能性与艺术性

功能性与艺术性的统一是艺术设计的一贯法则。任何设计都不能抛开对功能性的承载，名垂青史的经典设计无一不是功能性与艺术性的完美统一。

在2007年中国香港时装节上，一个皮革生产商的展示设计正是这一理念的体现。展区内几

图2-1、2-2 2007香港时装节上以平面形式展示的皮革服装

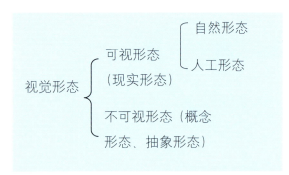

图2-3 视觉形态分类

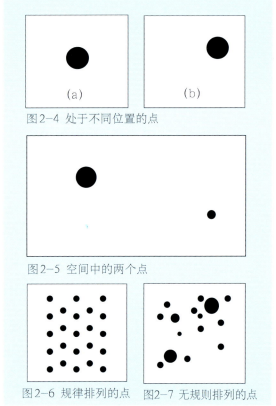

块展板上以平面形式展出不同皮革材料制作成衣后的效果,每个款式示意只有实际成衣的1/4大小,不仅极大地节省了材料,而且在有限的空间内最大限度地展示了企业的产品,展示形式极具新意和艺术感,给受众留下了深刻的印象,在展览会上吸引了许多购买商和参观者(图2-1、图2-2)。

3.信息的强化和有效控制

行业分工的日趋细致,市场竞争日趋激烈,使展示的动机具有越来越强的针对性。展示设计中对信息的强化和有效控制成为必要的法则,将传播效率达到最高成为展示设计的最终目标。

2.2 服装展示设计的形式法则

我们所处世界的一切视觉形态,包括可视形态和不可视形态。可视形态又称作现实形态,是可以通过眼睛看到、通过手触摸感知到的形态,是造型的基本要素。可视形态又分为自然形态和人工形态(图2-3)。自然形态指自然界存在的形态,如日、月、山、水、树木等。人工形态是人类在生产、生活中所创造的视觉形态,如数字、文字等。不可视形态也称作观念形态、概念形态或抽象形态,是不能被直接感知的形态,是通过可视的记号来认识它们。

设计中的元素包括概念元素、视觉元素和关系元素。最基本的元素是概念元素（概念形态），即点、线、面这几个基本构成要素。视觉元素指形状、大小、色彩、肌理等。关系元素包括方向、位置、重心等。不同门类（如绘画、服装设计、平面设计、环境艺术）、不同时代（原始、现代、当代）的艺术设计无不是运用创造性思维和新的表现手法，通过对这些基本要素的组织和构建来获得新的视觉形式，并为受众所感知和认识的。

2.2.1 点、线、面在服装展示设计中的运用

1．点

在几何学概念中点是游荡在空间中，没有长短、宽度与深度的非物质存在。它只有位置，没有大小，产生于线的边界、端点和交叉处。

在展示设计中，点是一个相对的概念，只要物体在空间所处的位置与空间对比反差足够大，该物体都可以被视为一个点。如服装上的纽扣相对于整件衣服而言，服装店内的品牌标识相对于整个店内空间。尽管点在空间中的体积很小，但却又具有自由、灵活、生动的性格，可以形成视觉的焦点。点在空间中的位置，点与点在空间中的组合关系，在展示设计中可以产生无穷变化。

空间中只有一个点时，这个点具有强调、肯定、突出的效果。当这个点处在中心位置时，画面是稳定的、静止的（图2-4a）；当点向一个方向偏移，画面就会产生动势。人们的注意力就会随点的移动而变化（图2-4b）。

当空间中有两个点，点与点之间产生空间的张力，人的视线会在两点间移动。如果两个点大小不同，人们会先将注意力投向大的，继而转移到小的点，在两点间形成视线轨迹（图2-5）。

当空间中有多个点，点的不同排列组合方式可以形成线或面的多种组合关系，产生丰富的变化。有规律的排列可以产生有序、稳定、温和的感觉（图2-6）；无规则的排列会产生无序、生动、变幻莫测的空间效果（图2-7）。

在服装展示设计中，点的运用主要体现在服装、服饰品、模特、展示架、展示柜、收银台、中岛等相互的关系及与整个店面的位置关系上。要注意处理好商品、展示道具等相互之间的主次、疏密、距离、平衡关系（图2-8、图2-9）。

2．线

点运动的轨迹形成线。线有长度但没有宽度和深度。线带给人方向感和生长感。在展示设计中，线也是一个相对的概念，物体长宽比值悬殊就会给人线的感觉。如长城、河流、电视塔等。线有直线、曲线、折线。直线又包括水平线、垂直线、斜线；曲线有几何曲线和自由曲线。

图2-8、图2-9 服装展示设计中点的运用

图2-10、图2-11 服装展示设计中直线的运用　　　　　　　图2-12 服装展示设计中曲线的运用

不同形态的线有不同的性格，带给人不同的视觉效果和心理感受。

（1）直线。直线给人感觉明确、坚定。水平线给人安静、平和、稳定的感觉；垂直线给人向上、崇高、坚强的感觉；斜线则带有运动、速度、不稳定的感觉（图2-10、图2-11）。

（2）曲线。曲线具有优美、柔和、轻盈、自由、变化的性格。几何曲线中不同形态的曲线也各具不同性格。抛物线具有速度感和方向感；S形线给人优美、流动的感觉；螺旋线具有上升、希望的感觉。运用不同曲线构图，可以获得富有流动感、韵律感、生动、丰富的空间效果（图2-12）。

线在展示设计中的运用，主要体现在确立态势和构成空间基本布局方面。在实际运用中要注意各种线的组合应用，处理好主次关系，避免构图杂乱无章。

图2-13 服装展示设计中的几何平面　　　　　　图2-14 服装展示设计中的自由平面

图2-15、2-16 服装展示设计中点、线、面的结合，可以丰富视觉效果

3．面

线的运动轨迹形成面。面具有宽度、长度和方向。面的形态有无穷变化，总体可分为平面和曲面。平面又可分为几何平面和自由平面。

（1）几何平面。几何平面具有简单、清晰、明确的特性。几何平面最基本的形态是正方形和圆形，在这两个基本形态的基础上可以变化出长方形、椭圆形、半圆形、三角形、梯形、平行四边形、多边形等不同形态。不同形态的几何平面其性格也各不相同（图2-13）。

（2）自由平面。自由平面具有自由、随意、灵活的特性。在展示设计中，面的构成体现在商品、道具、展柜、POP海报等的相互配置关系中。要注意上述各要素之间不同形态的配置关系，注意前后、大小、上下、疏密聚散的变化。主体展示要素应配置在突出的位置给以强调（图2-14）。

在实际的展示设计中，通常是将点、线、面等基本构成要素相结合，综合应用，来获得丰富的展示空间布局和高效的视觉效果（图2-15、图2-16）。

图2-17~图2-20 反复形式法则的运用使服装展示更有视觉冲击力，使橱窗设计主题更突出

2.2.2 形式法则在服装展示设计中的运用

形式法则是自然界固有的内在规律，是人类在艺术实践中对这种规律的总结和概括。可以说任何艺术设计活动都离不开形式法则的支撑。展示设计是涉及多学科的视觉艺术设计活动。以信息传达为目的，高效的传递信息是展示设计追求的目标。在市场竞争激烈的社会中，如何强化信息差别，深化信息表达理念，更是离不开形式法则的运用。归纳起来形式法则有以下几个方面：

1.反复

反复也称作"重复"，是指相同或相似的视觉要素反复出现。反复是一种古老的展示形式，在商品交换的早期，商品所有者将

图2-21、图2-22 对称形式法则的运用使服装展示整体效果更有序、更大方

产品重复排列堆放，使购买者对商品信息一目了然。所谓"重复就是力量"，由于相同元素反复刺激视觉，会使受众加深对这一元素特征的记忆，达到信息强化的目的。展示设计中应用重复法则的例子非常多。为了避免重复的单调、乏味，往往采用重复的骨格，而在服装或配饰等方面的变化来打破沉闷的气氛（图2-17~图2-20）。

2.对称

对称指视觉形象相对于某个点、直线或平面而言，在大小、形状和配置上相同而形成的静止现象。自然界中的对称比比皆是，如树木花朵的叶片，鸟类的翅膀，动物的肢体，人体本身就是对称的形式。人类的艺术创作也充满了对称的形式，如中国古典建筑、寺庙、家具等（图2-21、图2-22）。

对称分完全对称、相似对称和平行对称。完全对称是指中心点、直线或平面两边的形象完全相同。镜子内外的形象是典型的完全对称现象。这种配置形式给人感觉平稳、有序。相似对称也称为近似对称，是指中心点、直线或平面两边的形象在大小、形状、位置上近似，重量感相同的对称方式。近似对称是在平稳中有变化，有序中更生动的形式。平行对称的典型例子是互生叶序的植物枝叶，如桃树的叶子，人的脚印等。

展示设计中对称的运用非常广泛，对称构图给人感觉庄重、稳定、大方，但如果应用过多也会给人以呆板、沉闷感。在实际展示设计中可以采取对称形式的骨格，而在展品的陈列上有所变化，以求稳定中的生动变化。

3. 均衡

均衡也称平衡。这本来是一个力学概念，指相对静止的物体遵循力学原则的平衡状态。均衡有静态均衡和动态均衡之分。静态均衡是力学中心点两边的形态大小、重量对称而形成的静止状态。动态均衡也称作不规则均衡或杠杆均衡，是不同质或不同量的形态在力学中心点两边达到平衡而形成的静止状态。均衡是服装展示设计中经常用到的法则（图2-23~图2-26）。

4. 渐变

渐变也称作渐次，指相同视觉要素连续出现，呈递增或递减的规律变化。渐变与反复有相同之处，都是相同或相近的视觉元素反复出现，不同的是渐变在数量、大小、色彩、距离等方面呈递增或递减的规律性变化。如树枝从粗到细，树叶从大到小渐次排列；清晨或傍晚的天空色彩呈现由浓到淡的渐次变化；由于透视关系，路边的电线杆呈现由高及低的渐次变化。渐次在展示设计中的应用也非常广泛。它是通过色彩、形状等视觉要素的递增或递减连续变化而产生的一种带有秩序和律动的美感（图2-27、图2-28）。

图2-23~图2-26 均衡法则在服装展示设计中的应用

图2-27、图2-28 渐变法则在服装展示设计中的应用

图2-29 节奏与韵律法则的应用使服装展示效果富有愉悦的美感　　　图2-30 对比法则的运用

5．节奏与韵律

节奏和韵律本来是用来描绘音乐的术语。节奏是由音符的长短速度变化而产生的一种有起伏落差的动感。如潮涨潮落、日出月息、春夏秋冬四季交替都是自然界的节奏。韵律是音符高低、长短有规律的变化而产生律动的美感。在服装展示设计中，节奏与韵律是通过产品的疏密、错落等有规律的变化来体现的，是展示设计重要的形式法则（图2-29）。

6．对比与调和

对比是指不同形状、大小、性质、色彩等的视觉要素配置在一起而产生的一种差别对立关系。这种构成关系可以带给人强烈的视觉刺激，产生生动的效果，容易给人留下深刻的印象。调和则是在一个构成中，各个要素间具有相同或近似的性格特征，从而产生一种和谐的美感。对比强调的是各个要素的个性，调和则是体现不同要素的共性。调和也是人本能的视觉要求，但调和的获得不仅是通过各个要素间的弱对比，而且体现了局部要素对比与整体之间的调和关系。在服装展示设计中对比的内容非常丰富，通过产品、道具、装饰、POP海报等视觉要素在形态、比例、色彩、材质等方面产生对比关系或矛盾冲突造成强烈的视觉冲击力。不同产品、不同品牌在对比与调和的运用上有很大区别。高档服装品牌适合类似要素弱对比，而运动品牌、中档年轻品牌更适合差异要素的调和（图2-30）。

图2-31、图2-32 变化与统一法则的应用使服装展示设计效果更和谐

7．变化与统一

在自然界和人类社会中，各种事物之间既有可调和的因素，又有相互排斥的因素，即是对立与统一的矛盾。在艺术规律中体现为变化与统一的形式美感法则。变化强调的是要素间的差异关系；统一表现在要素间的相似关系和联系中。变化与统一是在和谐中寻求差异和丰富，在差别对比中寻求和谐。变化与统一是形式法则的中心法则，它既包含反复、对称、均衡、渐变、对比调和的法则内容，又作用于这些法则。中国古典美学中有许多关于变化与统一的美学规律的论述。如老子说"天下万物生于'有'，'有'生于'无'"。"有无相生"是说天地万物都是"有"和"无"的统一，"虚"与"实"的统一。有了这种统一，万物才能流动、运化、生生不息。"虚实结合"的统一也是中国古典美学的一条重要原则，概括了中国古典艺术的重要美学特点。所以变化与统一是不可分割的整体，是矛盾要素之间相互依存、相互制约的关系（图2-31、图2-32）。

第三章　服装展示总体设计

3.1 服装展示总体设计的程序

　　服装展示设计是涉及多学科的学问。在设计实施过程中是多系统的相互联系、相互作用，要将诸多要素如形、色、光、材料等在统一的计划构想下，产生整体效果，因此在实施具体设计前必须有全局的观念，总体的把握。

　　服装展示的总体设计也可以称作服装展示的策划设计，是通过周密的市场调查和系统分析，利用已经掌握的知识、情报和手段，合理、有效地计划服装展示活动的进程。它的特征是：一是事前行为；二是行为具有全局性。

　　任何展示都必须有诉求对象，否则展示便没有意义。服装展示的目的是传播企业与产品的信息，得到信息反馈，打动受众。如果受众对信息没有预期的反馈，那么展示设计就是无效的设计。在信息时代，要使信息的传播达到预期的目标，展示设计需要有很强的针对性和实效性，单凭各种学科知识和媒体技术的堆砌是很难达到的。对各个学科知识和技术手段的有效组合至关重要。服装展示设计策划就是要在展示付诸实施之前进行严密的计划。要进行周密的市场调查和系统的资料分析——对所要传达信息的分析；对展示诉求对象的定位分析，以及用何种材料、技术、媒介，怎样在展示空间中组合这些要素等问题进行综合考量（图3-1～图3-12）。

图3-1、图3-2
2007年中国香港时装节服装展示设计系列

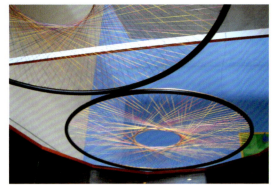

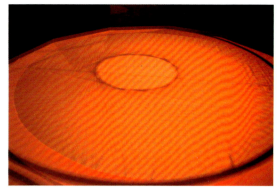

图3-3～图3-5 2007年香港时装节的展示设计系列，提取了服装中的一个基本材料——纱线作为这一季的主题，用线轴、线圈、投影等方式来表达

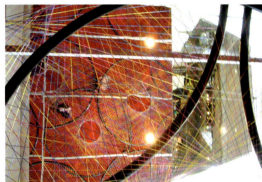

图3-6～图3-9 2004年香港时装节用"Pop Art"作为这一季的主题，并通过装置招贴、插画等形式表达这一主题

图3-10～图3-12 2004年
香港时装节服装展示总体
设计

服装展示的总体设计程序也可称为服装展示的策划程序。具体包括：

1．市场调研

市场调研包括：1）针对所要进行展示设计的品牌定位、风格定位、产品定位等信息的调查，了解品牌预期要达到的展示目标、计划、要求等；2）针对与目标品牌市场定位相近的竞争品牌的产品、风格等相关信息的调研；3）针对展示诉求对象的定位调研，即品牌目标消费群的生活方式、思想观念、消费心理、消费习惯等情况的调研；4）对展示场所环境空间进行调研，了解具体展示场所的面积、场地形状、所处位置、空间界面、设备条件，以及周边环境等情况。

2．信息分析

对上述调研结果进行系统分析。包括：1）明确品牌预期要达到的展示目标、计划和要求；2）对品牌所要传达的信息进行分析；3）对展示诉求对象的定位分析；4）对展示场所的环境空间进行分析，包括客流量、顾客流动路线、通道、环境面积、空间界面等。

3．编写展示设计策划书

展示设计策划书是在市场调研和资料数据分析的基础上，对这些资料数据进一步的梳理和整合。策划书的内容包括：1）服装展示设计委托单位和展示设计单位（展览主办单位、承办单位）；2）展示设计的目的、定位、要求及预期目标；3）展示的主要内容、展品与资料范围、展示重点等；4）展示的地点、面积、空间环境等（展览规模）；5）展示调研时间、设计时间、制作时间等计划；6）展示设计脚本大纲；7）展示设计的空间形式、表现手法、艺术风格等；8）经费预算；9）制作、施工及管理实施计划（展览还涉及到布展和拆展）。

4.编写服装展示设计脚本

展示设计脚本也称作展示设计文案，是服装展示设计中关键的部分，是展示设计定位和设计构思的说明。在国外有专门撰写展览脚本的专业。撰写展览脚本的人必须有广博的知识，并不是仅有文学写作修养的人就可以胜任，除了具备文学、艺术史、哲学、宗教等方面的知识外，还要关注科学与技术、社会经济与文化的发展动态。商业服装展示对文字脚本的要求不是十分严格，但好的脚本是好的设计的前提，是设计师发挥想象力与创造力的依据。展示设计脚本包括总体脚本和细目脚本，主要内容包括展示主题构思、展示气氛的营造意向和展示效果的要求等，是设计师进行具体设计创作的依据。

（1）服装展示设计总体脚本：包括展示的目的、要求，展示主题构思，展示内容、规模与面积，展品类别，艺术创意构思、表现形式与手段。

（2）展示细目文案：包括展示空间平面、立面设计意向，版式设计意向，道具要求，陈列重点，照明与装饰设计意向，实物和图片的选择与数量，图表统计数据，材料与工艺的要求，对表现媒体及表现形式的建议等。

5.展示艺术设计

展示艺术设计又称"图式设计"，是展示设计师运用创造性思维将抽象的展示设计文字脚本演变为视觉形象的表现过程。包括总体展示风格设计、平面布局示意图、立面色彩与照明预想、展示道具设计等（图3-13～图3-17）。

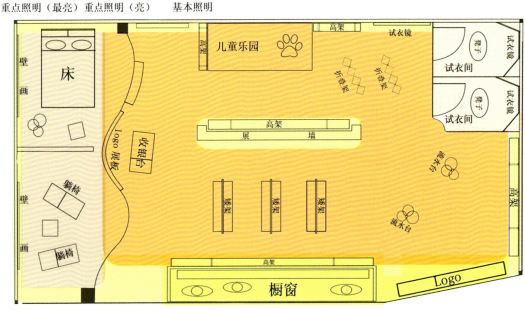

图3-13 平面布局示意图

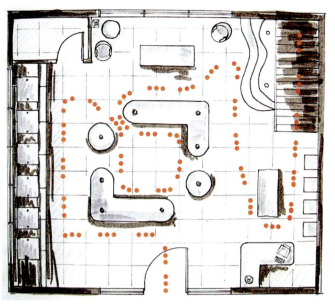
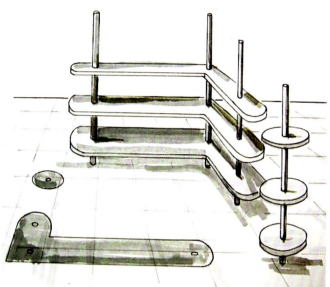

图 3-14～图 3-17 服装展示艺术设计的各种"图式"

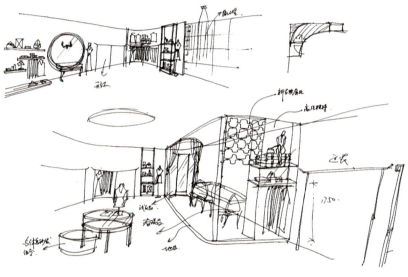

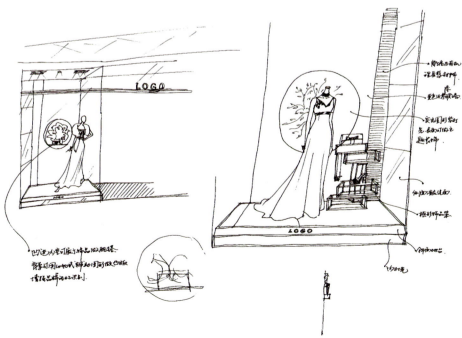

6．展示技术设计

好的艺术设计需要技术的支持。当艺术方案通过讨论确定后需要进一步深化设计，包括绘制三维空间设计效果图、平面图、立面图、照明线路图、道具制作工艺图、音响、电子设施计划等（图3-18～图3-32）。

7．展示方案实施

按照艺术与技术设计方案实施，需要提前进行经费预算并拟定施工进程表，按照进度安排组织施工。

图3-18～图3-24 服装展示设计三维空间电脑效果图

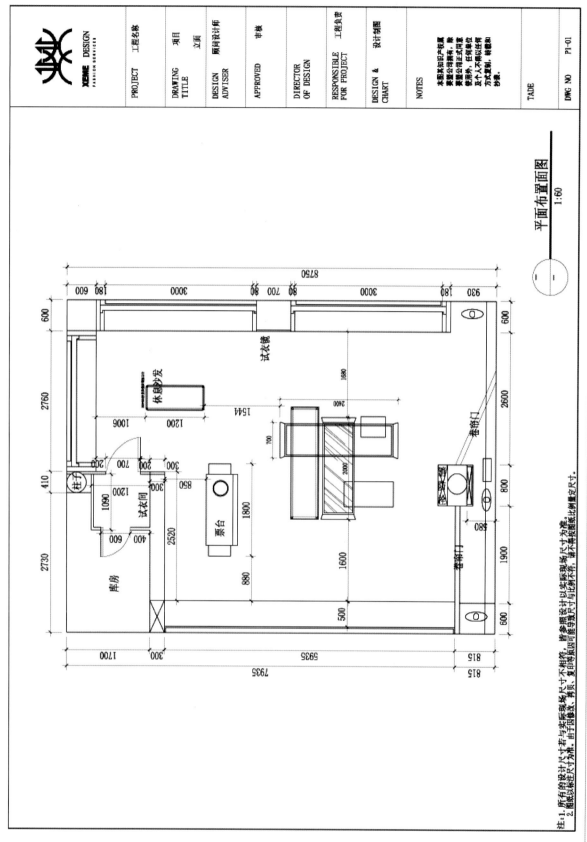

平面布置图
1:60

图3-25 服装展示平面布置图

注:1. 所有的设计的尺寸与实际现场尺寸不相符,请参照现场设计以实际现场尺寸为准。
2. 图纸以标注尺寸为准,切于因修改、考贝、复印等原因可能导致数尺寸与比例不符,请不要按图纸比例测量定尺寸。

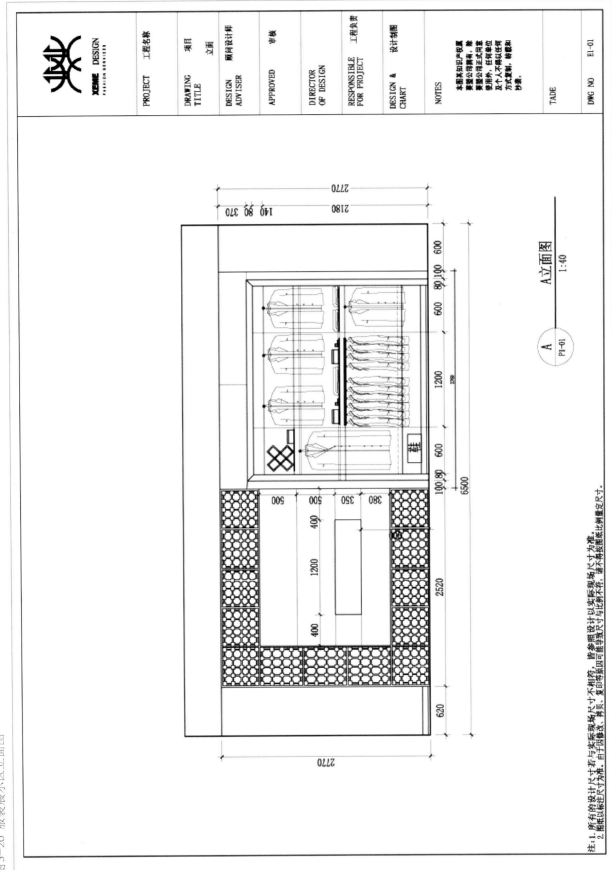

图3-26 服装展示区立面图

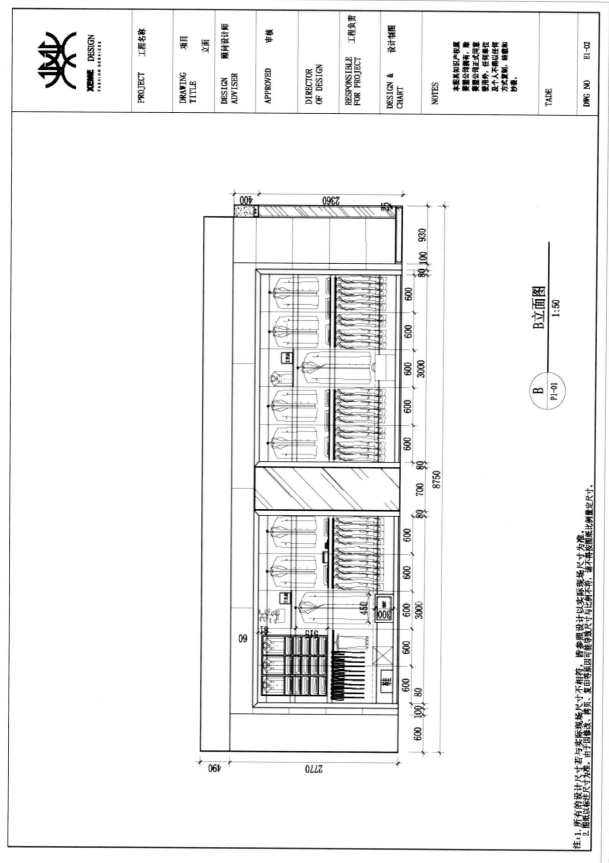

图3-27 服装展示区立面图

注:1. 所有的设计尺寸者与实际现场尺寸不相符，请参照现场设计以实际现场尺寸为准。
2. 图纸以标注尺寸为准。拷贝、复印等原因可能导致图纸尺寸与记的不符，请不看按图纸比例量定尺寸。

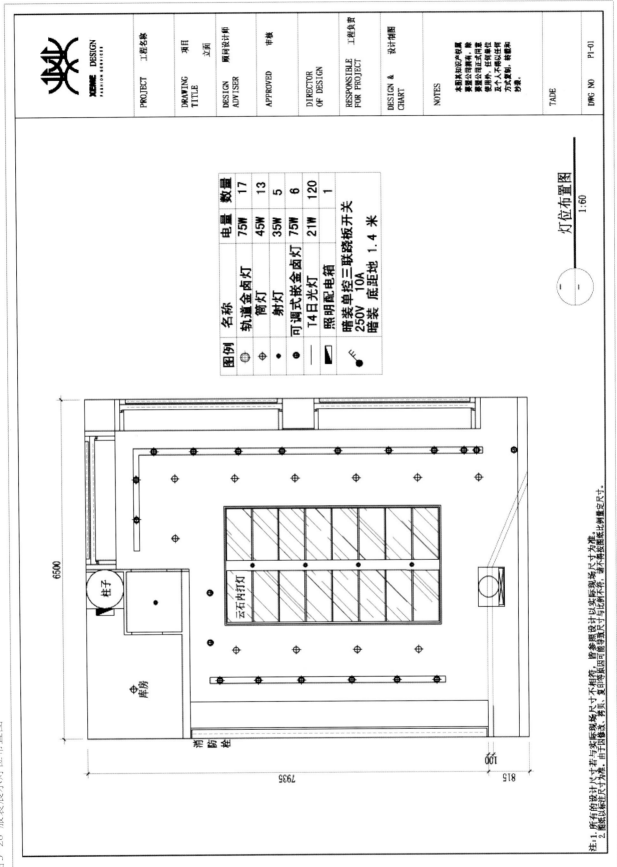

图3-28 服装展示灯位布置图

图例	名称	电量	数量
⊕	轨道金卤灯	75W	17
⊕	筒灯	45W	13
●	射灯	35W	5
◉	可调式嵌金卤灯	75W	6
—	T4日光灯	21W	120
◤	照明配电箱		1
	暗装单控三联跷板开关 250V 10A		
	暗装 底距地 1.4米		

灯位布置图
1:60

注:1. 所有的设计尺寸若与实际现场尺寸不相符,请参照设计以实际现场尺寸为准。
2. 图纸以标注尺寸为准。请勿用比例尺量取。若图幅因可能导致尺寸与比例的不符,请不得放图纸比例测量定尺寸。

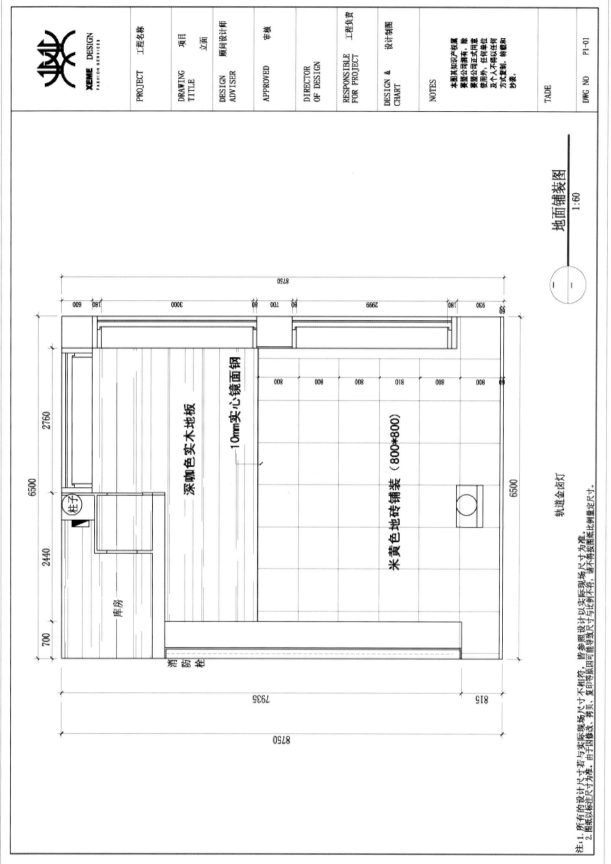

图3-29 服装展示地面铺装图

图 3-30 服装展示场所电路总量图

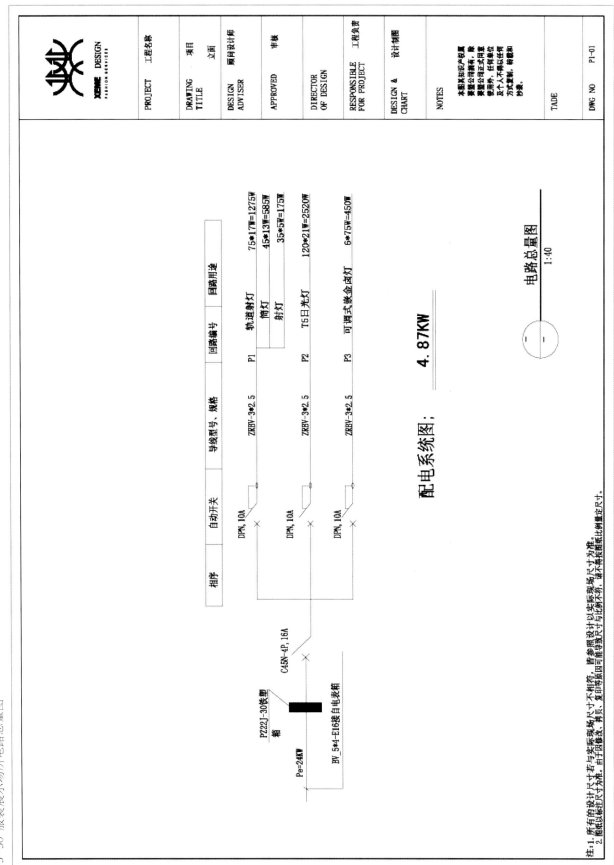

配电系统图： 4.87KW

电路总量图

1:40

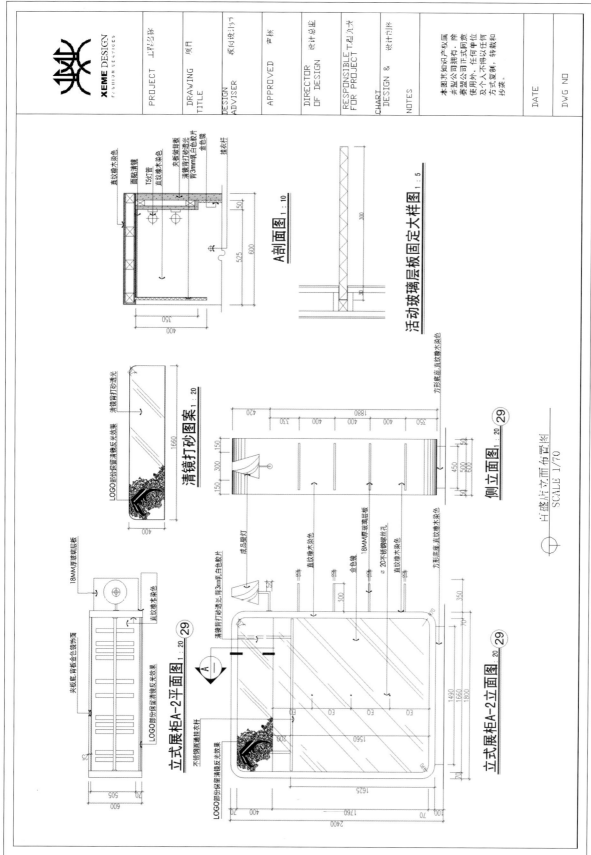

图3-31 服装展示立面布置图

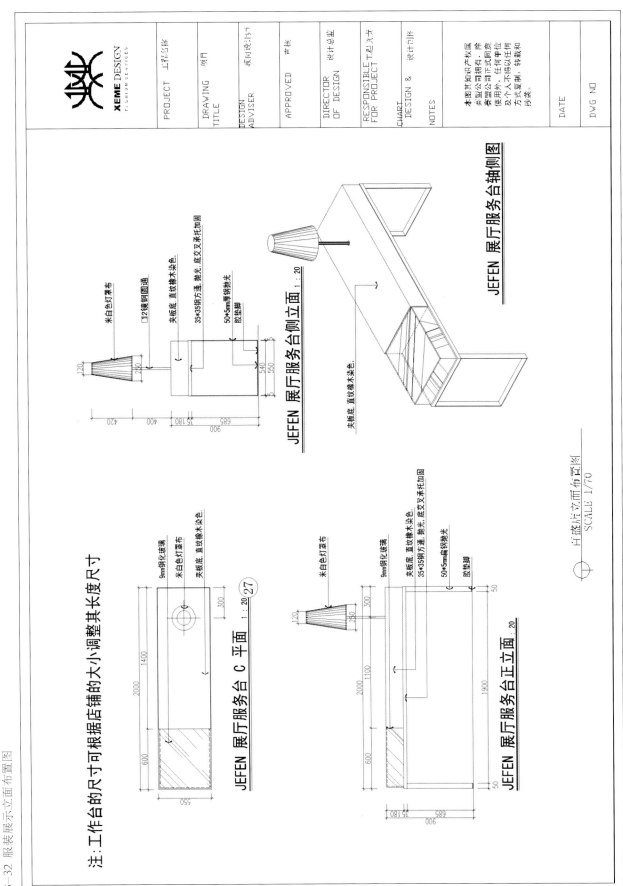

注：工作台的尺寸可根据店铺的大小调整其长度尺寸

图3-32 服装展示立面布置图

3.2 服装展示总体设计的原则

(1)树立全局观念，进行展示环境的总体规划。制定明确的展示设计总体方针，了解展示的意图和预期目标。整体把握、艺术构思，在调查、分析、综合和判断的基础上先放后收，广开思路，征求各方意见。根据展示内容划分出各种陈列场地范围。按展出内容的密度、载重等，考虑总体空间的合理分配并确定具体的展示尺度。同时还要考虑观众（顾客）流量、浏览路线、消防通道等因素，创造最佳的展示环境，高效地使用空间。

(2)以人为本，充分考虑展示中人（受众）的因素。展示设计方案在总体方针的指导下，要充分考虑人的因素。展示的各项尺度，包括空间、平面、展具等的尺度；展示基调的确立，包括色彩基调、文风基调、动势基调等；灯光和色彩的设计等环节都应充分考虑到人的心理和生理因素，为受众创造舒适的视觉和心理感受环境。

(3)利用开放性的创意思维，选择丰富多样的展示构成形式。开放性的思维方式，围绕展示主题追求新颖的表现形式，善于发现和使用新材料、新工艺、新技术和新媒体。善于吸收其他门类艺术的表现手法，如舞台美术、电影、戏剧、舞蹈等艺术表现形式，创造引人入胜的展示氛围。善于创造新颖的构成形式，具有鲜明的、个性的构成元素。利用色彩、光影、植物、水体、图形符号等烘托展示气氛，创造独特的艺术风格(图3-33、图3-34)。

(4)可持续发展的意识。现代设计的理念将越来越多地体现对资源的控制利用而不是盲目的开发，所以对资源的合理开发、有节制的利用应该是现代展示设计的重要原则。设计者要具备节能环保的意识，设计要利于社会的可持续发展。

(5)成本控制的原则。掌握展示设计的制作实施经费预算，充分考虑施工技术和制作材料的制约，使设计构想不脱离实际。最大化利用有限的资金，达到最佳的设计效果。

3.3 服装展示设计师应具备的素质与能力

服装展示设计工作不仅仅是布置橱窗、整理服装的摆放。服装展示设计要整合诸多学科的内容，是涉及多种形式要素、内容庞杂的高度综合的行为。因此，对各种展示元素的驾驭和控制能力是展示设计师需要具备的素质。一个优秀的展示设计师既要有扎实的陈列基础知识，同时还要对品牌的风格、产品定位、顾客的购买心理、市场营销有一定的研究。优秀的展示设计师应该像出色的戏剧导演，掌控着整个展示活动的脉搏。在展示工作的组织与开展、设计的创新与实施、质量控制、展示管理中起着至关重要的作用。优秀的展示设计师所具备的素质与能力具体表现在：

(1)知识。扎实的专业知识，广博的知识面。

(2)品味。敏锐的洞察力，高品位的艺术鉴赏力。

(3)态度。自信、积极、热忱的"工作态度"；开朗、乐于助人、善良、诚实的品质。

(4)责任心。责任心是开展和组织展示设计工作，使设计能够按照预想的目标实施的必要保障。

5.技能。良好的技能，如沟通能力，领导能力，协调人际关系的能力，表达能力，

图3-33 利用地面上的镜面看到正立的模特形象；图3-34 倒挂的模特首先引起观众的好奇心，走近后可以从安放在地上的镜子里看到正立的模特

合作精神，公关协调能力等，是设计能够按照目标顺利实施的重要条件。

(6)毅力。毅力是展示设计师对自己的设计怀有坚定的信念，不轻易妥协的持久的意志力，是展示设计师应具备的基本素质。

第四章 服装展示设计与人体工程学

人体工程学又叫人类工学或人类工程学。它以人—机关系为研究对象,以实测、统计、分析为基本的研究方法, 是20世纪50年代前后发展起来的一门综合性交叉学科。它融合了技术科学、解剖学、心理学、人类学等学科的知识。人体工程学主要研究人、环境、物之间的工作效能和安全舒适等问题。以人为主导,包括人体的尺寸、性别差异、视线、生活形态、心里感受等各项内容, 其目的是为了寻求"舒适、美、有效"三者的最有机结合。

从展示设计的角度来说, 人体工程学的主要功用在于通过对生理和心理的正确认识, 使展示要素适应人类心理和生理需要, 进而达到提高展示效率的目标。人体工程学在展示设计中的作用主要体现在以下几方面: 1) 为确定空间范围提供依据; 2) 为展具、展柜等展示设施设计提供依据; 3) 为确定视觉、听觉、触觉等感觉器官的适应能力提供依据。人体工程学在服装展示中的有效利用, 主要是针对顾客的生理和心理的特点, 使展示的规划和环境更好地适应顾客购物和消费的需要, 从而达到提高服装展示环境质量和视觉感受的目标。在"以人为本"的理念下, 只有围绕着人这一主体, 充分了解和研究人体工程学知识, 才能做到科学地规划, 使陈列更好地服务于顾客, 达到促进销售的目的。

人体工程学涉及的范围很广, 包括尺度、视觉、色彩、照明、噪音、温度、湿度、电磁辐射、空气流速与质量等多方面的内容。其中尺度和视觉这两个要素对服装展示设计的影响最大。

4.1 服装展示的尺度

服装展示的尺度研究人体和道具货架的比例关系。展示环境空间和展示道具的尺度是以人的高度和局部尺寸为依据的。人体工程学通过人体测量、数据统计分析得出平均数值, 作为展示活动相关尺度的依据。在展示设计中, 涉及到的尺度主要有以下几个方面:

1.服装展示中的通道

在展示空间中, 通道的宽度是按照人流的股数为依据的。每股人流以普通男性的肩宽48cm加12cm, 即60cm计算。一般主要通道的宽度应允许8~10股人流通过, 因而通道宽度

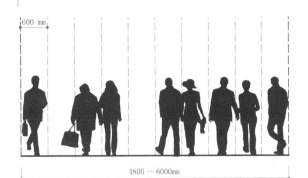

图4-1 主要通道尺度

图4-2 次要通道尺度

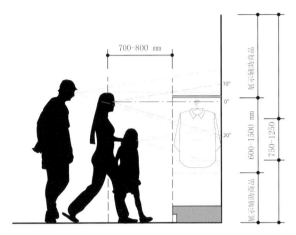

图4-3 服装展览次
要通道
图4-4 服装展示的
适合高度示意图

应在4.8~6m；次要通道应允许4~6股人流通过，次要通道宽度应在2.4~3.6m；最窄处也应可以有3股人流通过，宽度不低于1.8m，否则会造成人流拥堵。货架之间的最短距离不能少于1.2m，至少要允许两个人通过，最窄的货架间隔通道也不能少于1.2m（图4-1~图4-3）。

2. 服装展示的高度

展示效果的黄金区段在顾客距离展柜70至80cm范围内，视平线高度向上10°至向下20°之间的范围区间。最佳展示高度在从地面向上60~150cm之间。低于60cm、高于150cm展示效果差，适合展示辅助商品。最适合顾客拿取商品的高度是从地面向上75~125cm之间，比较适合顾客拿取的高度是从地面向上60~150cm之间。高于或低于这个尺寸限度，都不利于销售（图4-4）。

3. 服装展示的密度

服装种类和品牌定位的不同，对服装展示的密度要求有很大差别。一般来说，服装展示的密度与产品的价值成反比，越是高档奢侈的服装品牌，越注重服装品牌的形象塑造，服装展示的密度就越低，使用的空间也越大（图4-5、图4-6）。而中低档服装品牌、童装、运动品牌、休闲服装的展示密度相对比较大。但如果展示陈列密度过大会造成视觉的疲劳和心理的烦躁。

图4-5、图4-6 越是高档的奢侈品牌服装陈列密度越低

4．服装展示的线路

服装展览会的展示路线按照国际惯例一般是按顺时针的方向设计，遵循快捷、通畅、不交叉、不逆流的原则。服装销售场所的路线设计应根据人体工程学以及顾客的心理去规划，依据动线或视线的高低去改变陈列的位置，保障视线通透，路线顺畅不设死角，应能够让消费者看到全部商品，便于挑选并购买商品（图4-7）。

5．服装展示的道具

服装展示道具是服装展示的基本工具，按照功能区分有许多种，不同功能的道具在尺度上也有所差别。货架和道具要符合货品本身的展示规格，并和整体卖场的空间比例相协调。应以前面提到的展示效果的黄金区段的尺度为依据设定展柜、展架的尺寸；按照品牌风格、产品定位设定展台、衣架等尺寸。展柜、展台的宽度一般以服装正挂展示的宽度加一定的富余量为尺度，高度以不同品类服装挂装的总长度为基准。展架高度一般在3～4.5m。

图4-7 某服装店的公路分道线和方向标识设计，既为顾客指引了展示的线路，又是很好的装饰

4.2 服装展示的视觉

人类对世界的感知有大约87%依靠视觉。眼睛是人视觉的生理器官，是人们认识、情感、行为等的重要先导，它的自然属性决定了行为个人接受信息的广度和局限；而人的社会属性——包括他的民族、所处文化圈、环境等，则决定了该主体吸收、加工信息的取向和成效（包括反馈和自我积累）。

展示设计是一种视觉艺术活动，要根据人的视觉运动规律来规定服装展示中陈列的高度区域。一般来说从距地面80cm起至320cm是适合人视觉尺度的陈列区域；80cm至250cm是比较好的展示区域；最佳展示区域是从标准视线高以上20cm至视线以下40cm的区域；展示陈列的高度最高一般不超过350cm。

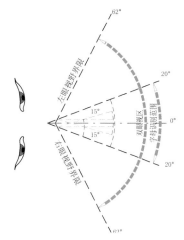

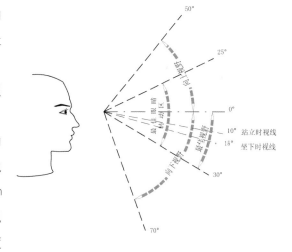

视野是指人眼在不转动的情况下获得的视觉区域，它是以角度测量的空间范围。两只眼睛同时看物体时，双眼的视野重叠，形成"双眼视区"。双眼所共有的视觉区域为人的有效视野，大约在人的左右各60°区域内。字母识别范围为人的左右各20°，这个区域内是理想的视觉区。假定人的视平线是水平的，即在0°，那么人在站立时的自然视线低于水平线10°；坐着时自然视线大约低于水平线15°。纵向视觉有效区在0°以上50°至0°以下70°的区域内，最佳眼睛转动区域在水平线以上25°至0°以下30°内。观看展品的向下最佳视区在低于水平线30°区域内（图4-8、图4-9）。

图4-8 水平视野示意图
图4-9 垂直视野示意图

人眼看清展品全貌的纵向视角通常为26°，横向视角为45°。一般来说，观看视线与展示墙面、画面垂直，才能得到最佳的展示效果。较佳的视距区域是展品高度的1.5～2倍。如果展品大，较佳的视距就远；展品小，较佳视距就近。另外，人扫视的习惯一般是沿着自左向右，自上而下，从前往后的顺序移动。服装销售场的展示区域根据消费者习惯和人体工程学大致可分重点陈列区、辅助陈列区、焦点陈列区。一般把应季主打产品、主推产品放在焦点和重点陈列区。

4.3 服装展示中的视觉传达

视觉传达是人与人之间利用"看"的形式所进行的交流，是通过视觉语言进行表达传播的方式。不同的地域、种族、年龄、性别，使用不同语言的人们，通过视觉及媒介进行信息的传达、情感的沟通、文化的交流，视觉的观察及体验可以跨越彼此语言不通的障碍，可以消除文字不同的阻隔，凭借对"图"——图像、图形、图案、图式的视觉共识获得理解与互动。视觉传达是当代新兴起的一个学术概念。视觉就是我们所看到的，传达则是通过某种形式表达出来，把有关内容传达给眼睛，从而进行造型的表现性设计统称为视觉传达设计。视觉传达设计是"给人看的设计，告知的设计"，它经历了商业美术、工艺美术、印刷美术设计、装潢设计、平面设计等几大阶段的演变，最终成为以视觉媒介为载体，利用视觉符号表现并传达信息的设计。

我们每天可以接触到的信息大约有800～1500条，能够被大脑记住的大约只有15～20条，而且诉求单一的信息占大多数。人脑记忆频率的特点，决定了人对信息的接收是有条件的。服装展示意味着一个公共空间的概念，其特点是空间范围大，展品品类多，展示环境杂。因此，信息载体是否醒目，是否具有视觉冲击力就成了信息识别的关键。浏览商品或参观展览是一个流动的过程，信息的传递与其他媒体不同。公共空间的信息受众是群体，要在单位时间里使信息尽可能覆盖更多受众，以取得最大的传播效率。因此对信息识别的速度就成了关键，越醒目就越能被受众快速识别。因此在展示设计中夸大比例和加强对比是最常用的手法（图4-10～图4-13）。

图4-10～图4-13
服装展示设计中的
视觉传达

4.4 服装展示视觉与照明

人类对世界的感知很大程度依赖视觉，而光是一切视觉感知的基础。采光形式分为自然采光和人工采光。自然采光是以太阳为光源体的采光形式。人工采光是以蜡烛、电灯等人工光源为主体的采光形式。

照明设计在服装展示中有着非常重要的地位，是美化空间、构成空间的基本要素，往往起到画龙点睛的作用。精心的照明设计不仅可以提高商品的展示陈列效果，营造特殊的展示氛围，而且可以提高商品的价值，使视觉营销的效果达到最佳，从而激发顾客的购买欲望。但如果展示环境中照明处理不当，无论展品有多精美都难以取得好的展示效果，不但会影响受众感知信息的视觉活动，还会对人的心理和情感起到消极作用，破坏展示效果，严重的还有可能对人的视觉造成损伤。人有一种本能的向光性，除了人的这种本能和习惯外，物体的色彩、形态都会左右和吸引人们前进的步伐和方向。例如图4-14：

图4-14（a），左右空间大小一致，大部分顾客会出于本能选择右边的行走路线。

图4-14（b），右边的空间小，左边的空间大，顾客一般会选择左边。在展示空间中，狭小的空间容易让人产生不舒适的感觉，除非特别有购买欲望的顾客，才会走到狭小的空间里去挑选衣服。

图4-14（c），同样空间的路线，顾客一般会选择左边的路线，因为左边的光线明亮，色彩鲜艳，会带给顾客比较强烈的视觉冲击力，吸引顾客的脚步向这边走。

图4-14（d），左右光线的明度相同，色彩也比较接近，但是右面的花色和种类比左边要多，顾客一般会选择右面的路线来走。

这个例子表明人的视觉和心理特点，服装展示的空间布局、色彩设置、光线配置等都要充分考虑人的视觉和心理特点进行设计，才能提高信息传播的效率，获得良好的展示效果。

综上所述，根据人的视觉和心理特点，总结服装展示设计技巧：

（1）创造丰富多彩的第一视觉印象；

（2）明确入口，明确行走路线；

（3）突出重点陈列服装；

（4）剧场座椅排放原则，错落有致，互不遮挡；

（5）不要让顾客一眼望穿，适当的遮挡，朦胧产生美感；

（6）步步有景，尽量延长顾客的停留时间。

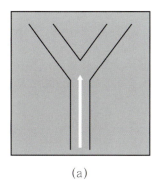
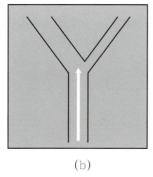
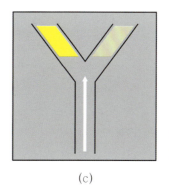

(a)　　　　　　　(b)　　　　　　　(c)　　　　　　　(d)

图4-14 服装展示中的照明设计对人视觉的影响

第五章　服装展示
环境的空间设计

5.1 服装展示的空间分类

5.1.1 服装展览展示的空间分类

　　展览展示的空间是完成信息传达与交流需求的空间。展览展示的空间首先是一个公共空间。展览展示的目的是将信息完整、高效率地传达给受众，达成信息传递方与接收方的交流。在展示空间中，信息的传递与反馈的交流活动是在时间的推移和人的移动中完成的，所以开放性和流动性是它的特征。服装展览展示的空间按照空间的功能分为信息空间、公众空间和辅助空间。服装展示空间的形式、风格、大小由品牌的定位、产品的性质、数量，以及目标受众等因素决定。

　　信息空间指商品展示陈列的空间，是服装展示设计的主体部分。信息空间以建立高效美观的信息交流平台为首要任务。现代展示空间是多元视觉要素和展示手段的高度统一体，展示空间涉及到的所有要素都可以是信息的载体，色彩、形态、材料、照明、展具等共同承担着信息传达的任务（图5-1～图5-3）。

图5-1～图5-3 服装展览展示空间的各视觉要素

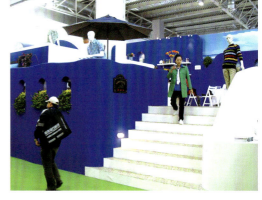

图5-4、图5-5 服装展览展示公众空间设计

图5-6 服装展览展示辅助空间设计

图5-9 服装店服务区设计

图5-7 服装店导入区设计

图5-8 服装店营业区设计

公众空间也称作共享空间，包括通道、休息空间等，是满足展示活动中人移动的空间区域。公共空间中通道是重要要素（图5-4、图5-5）。

辅助空间包括接待空间、储藏空间、工作人员休息空间等（图5-6）。

5.1.2 服装店的展示空间分类

1. 根据营销管理的流程划分

服装店的展示根据营销管理的流程进行划分，一般可以划分为四个部分：导入区、营业区、服务区和后台管理区。

（1）导入区：店头、出入口、橱窗、POP海报、流水台（图5-7）。

（2）营业区：服装展示陈列区域，包括各类货架和陈列道具（图5-8）。

（3）服务区：试衣区、收银台（图5-9）。

（4）后台管理区：仓库、服务员休息区。

图5-10 服装店导入区

图5-11 服装店店头

图5-12 服装店出入口

图5-13、图5-14 服装店橱窗

1）导入区

在现代物质极为丰富的社会，服装越来越成为一种情感消费或体验消费的商品。消费者很容易受到品牌橱窗展示所传递的情景气氛的感染，出于某种感情或心理冲动而产生购买欲望。因此专卖店导入部分是否吸引人，规划是否合理，将直接影响到消费者的进店率以及品牌的营销额（图5-10）。

导入部分位于卖场的最前端，是卖场中最先接触顾客的部分。它的功能是在第一时间告知消费者卖场产品的品牌特色、透露卖场内的营销信息，以达到吸引顾客进入卖场的目的。

a.店头：或称店眉，通常由品牌文字标识或Logo图案组成（图5-11）。

b.出入口：通常服装店的出入口是合二为一的。不同的服装品牌定位、风格、产品特点不同，其出入口的风格、大小和造型有很大差别（图5-12）。

c.橱窗：橱窗是导入区的重要组成部分，通常由模特、图片、服饰品或其他陈列道具组成（图5-13、图5-14）。橱窗以其直观的视觉效果，形象地传达品牌的风格、定位、设计理念和服装销售信息，以及打折促销等信息。消费者对品牌产品是否有兴趣，是否有进入服装店的欲望，很大程度上是在看到橱窗后的几秒钟内决定的。因此橱窗设计的艺术性，包括色彩、灯光、材料、情

图5-15 流水台

图5-16 POP广告

图5-17 营业区

节等设计是否新颖,直接关系到消费者对品牌的关注程度,影响顾客的进店率。

d.流水台:流水台也称陈列桌,通常放在入口附近或店堂中心的显眼位置(图5-15)。有单独或2~3个高度不同的展台组合而成。通常用一些服装服饰品组合造型来诠释品牌的风格、设计理念、重点推荐产品、应季畅销产品,以及卖场的销售和促销等信息。在设有橱窗的服装店里流水台起到与橱窗里外呼应的作用。在一些没有设立橱窗的服装店中,流水台往往承担起橱窗的展示功能。

e.POP:POP广告是许多广告形式中的一种,它是英文"Point of Purchase Advertising"的缩写,意为"卖点广告",简称POP广告。其主要商业用途是刺激引导消费。比较常见的是摆放在卖场出入口处或橱窗中,用图片和文字结合的形式传达品牌的营销信息(图5-16)。

2)营业区

如果说导入区是品牌市场营销的序曲,营业区就是直接进行产品销售活动的主体区域,是服装店中的核心。营业区在卖场中所占的面积比例最大,涉及的展示要素也最多。营业区域规划的成功与否,直接影响到产品的销售。营业区主要由展柜、展架等各种展示道具所组成(图5-17)。

营业区的展柜、展架的布局规划以及产品展示密度，根据品牌定位和产品特点不同有很大区别。各展示分区要符合品牌风格、定位，展柜与展架的摆放要有秩序感，组合陈列要注意秩序与变化，保证顾客活动的空间。货架的产品陈列在色彩或品类上要有一定的关联。

营业区域通道设计要合理，具有一定的引导性，引导顾客进入卖场的每个角落。在主副通道的规划和配置上，"便捷"是要考虑的重要元素。因此服装店入口处的设计、营业区的通道设计都要充分考虑顾客的容易进入和通过，要留有合理的宽度，方便顾客到达每一个角落，避免产生卖场死角。

前一章讲到一股人流宽度按照60cm，顾客在货架前停留或选购商品的距离大约为45cm左右。服装卖场中的主通道宽度通常是以两股人流正面交错走过的宽度而设定的，一般在120cm以上。最窄的顾客通道宽度不能小于90cm。仅供员工通过的通道，至少也应保持40cm的宽度。卖场通道的设计还要考虑顾客在购物中停留的空间。一些重点的位置要留有相对宽敞的空间，因为销售的达成，不是靠顾客通过，而是靠顾客的停留。

3）服务区（图5-18）

服务区是为了更好地辅助卖场的销售活动，使顾客能更多地享受商品之外的超值服务。在市场竞争越来越激烈的今天，为顾客提供更好的服务，是赢得消费者的重要因素。服务区的设计规划也越来越多地受到品牌经营者的重视。服务区主要包括试衣区和收银台。

a.试衣区：试衣区是为顾客提供试衣的区域。试衣区包括封闭或半封闭的试衣间，设在营业区的试衣镜周边区域。试衣间通常在销售区的深处和卖场的拐角，以避免造成卖场通道的堵塞。另外可以有导向性地让顾客穿过整个卖场，使顾客在去试衣室的路中，经过更多的产品展柜、展架，以便带来其他产品销售的可能性。

试衣镜作为试衣部分的重要配套物，消费者是否购买一件服装，通常是在镜子前作出的决定。在营业区可多安装几面试衣镜，便于顾客观看试衣效果。试衣间的数量要根据卖场规模和品牌的定位具体而定。试衣间和试衣镜前要留有足够的空间。试衣间的空间尺寸根据品牌的定位不同有很大差别，越是高档的服装品牌，其消费者对试衣环境的舒适性要求越高。

图5-18 服务区

中档或低档品牌的试衣间也应保证顾客换衣时四肢可以舒适地伸展活动，一般来说长宽尺寸不少于1m。

b.收银台：收银台通常设立在卖场的后部，是顾客付款结算的地方。收银台的位置要考虑顾客的购物路线、空间规划的合理性。从市场营销的流程上看，收银台是顾客在卖场中购物活动的终点。但从品牌的服务角度看，收银台又是培养顾客忠诚度的起点。

4) 后台管理区

后台管理区包括仓库和服务员休息区。无论是大型商业中心的服装专卖店还是街边独立店，一般都会在卖场附近设仓库，存储少量产品。仓库的大小设置以及货品存储量的多少，主要依据服装店的每日营业销售情况和产品补货需要而决定。在营业面积小的服装店中，服务员休息区往往和仓库设置在一起。要注意相对的封闭性，尽量不要让消费者直观地看到这一区域。

2．按照展示的效果划分

服装展示中按照产品展示效果一般可以划分为三个区域（图5-19）：

图5-19 服装展示中的区域划分

图5-20 A区

(1) A区

A区位于店中最前方及入口处的区域，是顾客最先看到的或走到的区域。通常包括陈列桌、展板、货柜等。A区通常摆放最新流行款式、畅销的应季款式及季节性促销款式，是最能代表品牌风格的，也是品牌产品销售率最高的区域（图5-20）。

(2) B区

B区通常位于店面中部，是顾客经过A区后即可达到的区域。通常陈列从A区撤换下来的服装以及能够与A区撤下的服装款式相互搭配的货品。

(3) C区

C区一般位于店面后部，是顾客最后走到或通常被忽略的区域。一般陈列特殊品类的货品，易于识别的基本款、不受季节及促销影响的款式和过季产品。

5.2 服装展示空间的设计方法

5.2.1 服装展示空间的设计要求

(1) 功能性。服装展示空间设计规划要以满足服装陈列、演示、信息交流、贸易、营销和客流疏导等多项功能的需要为前提，力求达到空间的合理使用和各部分区域过渡与组合的协调。

(2) 审美性。服装展示的空间设计要应用形式美法则进行空间的构筑，用赏心悦目的视

觉形式给受众留下深刻的印象及美的享受，以实现展示的功能性与审美性的有效融合。

3. 精神性。服装展示的空间设计应准确体现品牌文化内涵、市场定位与产品特色，反映时代特征，满足公众的精神需求与心理诉求，引起情感共鸣，诱发受众对品牌产品的兴趣以及对品牌文化内涵的认同。

4. 时效性。服装展示空间设计应达到展示空间的合理规划、充分利用、信息的高效率传达和经济适用的完美结合。

5.2.2 服装展示空间的形态语言

服装展示空间是在功能性形态（如墙面、展台、展架、展示道具等）的基础上进行形态、材料、色彩等的变化来传递信息，它们与展示的内容（服装、服饰等）以及信息的受众一起来完成信息的传达和反馈。

1. 形态与展示空间

构成空间的每一个部分的形态都有明确的功能性。竞争使得对信息传递的时效性和精确性要求越来越高，每一次的展示行为都追求达到最佳的效果，得到最好的反馈。因此，现代展示力求使展示空间内的所有形态都成为表现性元素，都能传递展示目标要求的特定信息，使功能性与表现性融为一体（图5-21～图5-26）。

图5-21～图5-23 店内展示空间将结构支撑柱变为装饰，满足功能与审美的需求

图5-24 服装展示空间的形态语言

图5-25、图5-26 服装展示空间中的各种形态语言

2．材料与展示空间

展示空间是人类活动所构造的场所。构造场所的材料既体现了人的物质需求，也反映了人的精神需求，这种需求带来了极大的差异性。在自然界，空间形态与材质是一个有机的稳定的系统；而在人类社会，同一空间的形态可以用不同的材质来体现。每一种材料所构造的空间都可以给我们带来完全不同的心理感受。

材料既是将信息物化的基础，也是信息视觉化展现的必然条件。不同的材料，或通过不同加工的同一材料，会带给人不同感觉。人们通过视觉、触觉，感知和联想来体验材质的美感。不同材质因其特有的质感与色泽赋予我们丰富的视觉感受，当质的感受和形的感受结合起来时，就会产生特定的视觉和心理联想。由此引起的视觉和心理效应使展示空间的语境具有明显的导向性，也使材料成为整个信息符号的有机部分，承载社会和文化的内涵，传递某种特定的信息概念。

材料是时代进步的指针。展示空间往往是新材料、新工艺的实验场所。新材料、新工艺的运用传递了领先科技的信息。在展示设计中，对材料把握最好的办法就是合理运用材料的质地，使人产生联想，与品牌的文化内涵、产品定位、风格相联系，运用对比、协调等法则进行设计，达到形式与内容的完美统一（图5-27～图5-35）。

图5-27～图5-29 服装展示中的各种材料应用

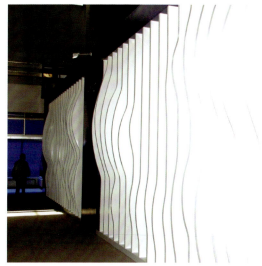

图5-30~图5-33 服装展示中的各种材料应用

图5-34 店内展示空间的吊顶设计

图 5-35 店内展示空
间的柱体设计

5.2.3 服装展示空间的设计手法

1. 合理规划空间

服装展示空间规划是在总体服装展示设计方案的指导下，根据品牌定位、风格要求确立展示基调。各个空间的形态、大小、位置以及各空间的关联过渡，要充分考虑展示的各项尺度，包括空间、平面、展具、顾客流量等数据，为合理规划导入区、营业区、服务区等各个展示区域空间确定科学的依据（图5-36～图5-38）。

2. 明晰的导向性

根据品牌营销策略、展示风格基调和目标消费群的生理、心理特点设定合理、便捷、高效的展示动线。通道和展示空间区域的划分要有一定的导向性。充分考虑建筑内部空间的局限性，将不利因素转化为有利因素（图5-39）。

图5-36～图5-38 合理规划服装展示空间

图5-39 服装展示空间必须有明晰的导向性

图5-40～图5-44 服装展示设计中艺术法则的运用，使展示效果更富视觉冲击力

3．展示空间的平面规划

大型展柜、边架等一般靠墙摆放，通常放置在服装店B区、C区的展示中，用来陈列常规销售款式或搭配款式，特殊品类的货品，易于识别的基本款，不受季节及促销影响的款式和过季产品。展台、中岛等展示方式，四边都可以观看，通常配置在展示空间的中心，用来陈列重点展品。

4．艺术法则的运用

利用艺术设计法则来确立服装展示的风格基调，营造展示空间气氛，强化所要传达的信息特性。如利用灯光、色彩划分空间，利用虚实相生、对比、夸张等手法创造新颖的展示形式，达到与众不同的视觉冲击力（图5-40～图5-44）。

第六章　服装展示照明设计

6.1 服装展示照明的形式与光源选择

6.1.1 采光的形式

光是人类视觉感知世界的前提，也是美化空间环境的重要因素。照明同色彩一样，对人们的心理变化、感情起伏有着重要的引导作用。在展示设计中，照明的作用不仅是照亮展品，更重要的是要给展品提供完美的视觉形象、空间气氛，给展示者明确的目的性，强烈地影响受众的心理和感情，力求使展示信息传播效率达到最高。

光源的形式可以分为自然光源和人工光源。自然光源以太阳光为光照来源，是白昼照明的主要光源。人工光源以人造的发光体为光照来源，如以蜡烛、油灯、电灯等为主要光源的采光形式。

6.1.2 人工采光的基本形式

国际照明协会 (CIE) 以照明方式光通量散射到空间的比例分类，将照明方式分为直接型、半直接型、漫射型、间接型、半间接型五种形式。光通量是指发光源所有光的输出量，基本单位是流明 (Lumen，符号为 lm)。

1．直接型照明

直接照明光通量最高，有 90% 的光线利用率，是应用最广泛的一种照明方式。一般台灯、落地灯、点射灯、筒灯的照明方式都属于直接照明 (图6-1～图6-4)。

图6-1、图6-2 直接型照明

图6-3、图6-4 直接型照明

图6-5、图6-6 半直接型照明

图6-7、图6-8
漫射型照明

2．半直接型照明

半直接照明的光线约有60%～90%向下投射，40%～10%的光线向上投射。如灯具上方有透光间隙、外有半透明散光罩的吸顶灯（图6-5左边的台灯、图6-6）。

3．漫射型照明

漫射照明有40%～60%的光线扩散向下投射，其余60%～40%的光线扩散向上投射。有半透明封闭遮光灯罩的吊灯属于典型的漫射照明（图6-7、图6-8）。

4．间接型照明

间接型照明的光线全部投向天花板，再由天花板将光线反射扩散。这种照射方式光量弱，但光线柔和，不会产生直接眩光（图6-9）。眩光是亮度高的物体或过大亮度对比引起人眼视觉不适或视度下降的现象。眩光可分为直接眩光、间接眩光（反射眩光）。

5．半间接型照明（图6-10）

半间接型照明有60%～90%的光线向上投射到天花板或墙壁后再向下反射，有40%～10%的光线向下投射。如大多数壁灯、灯具上方开口有半透明遮光罩的吊灯属于半间接照明。

6.1.3 服装展示照明光源的选择

服装展示照明根据展示地点、环境和展示内容的不同，对照明形式的选择也有所不同。一般展览展示中，有些展览场馆的设计有自然采光的，展示可以采取自然光源与人工光源相结合。在街边独立服装店的展示中，也有采用自然光源与人工光源结合的采光方式，而大型商业中心的服装店展示则是采用人工光源照明。由于自然采光随时间变化而不断变化，不可能保持恒定的光照效果，影响展示的功能，因而在现代展示设计中，更多采用人工光源照明。

在展示设计中，照明光源的选择通常要考虑两个因素，即光源的色温和光源的显色性。光源的色温指灯光颜色的温度感。我们观察光源时可以感受到光源的冷暖。光源的显色性指光对物体固有色呈现的真实程度，光源的显色指数用Ra表示。国际照明协会（CIE）规定标准光源的显色指数为Ra=100，Ra在100～80时显色性为优良；Ra在79～50之间时，显色性一般；Ra小于50时则显色性较差。一般人工照明的光线越接近太阳光，越能显现展示物体的固有色。白炽灯、碘钨灯、镝灯等光源的显色指数超过85，适合作为展示照明。

6.2 服装展示照明的分类与应用

6.2.1 展示照明的分类

1．基础照明

基础照明也叫整体照明或一般照明。展示空间环境中的基础照明是指保证基本空间照度要求的照明系统。基础照明的功能是使人看清展示空间的通道、设施并能够有效识别展品。光源通常在保证一定照度和亮度的同时，选择显色性高的光源来满足基本视觉要求。

服装销售场所的照明规划，首先要考虑区域的功能分类和品牌想要表达的主次关系。一般的区域只要满足基本照明就可以，对于重要的部位应加强灯光照明强度，使整个卖场主次分明，富有节奏感（图6-11）。

图6-9 间接型照明

图6-10 半间接型照明

图6-11 基础照明

图6-12～图6-15 重点照明

不同定位的品牌在灯光的设计上有很大区别。一般来说，中低价位的大众品牌卖场的基础照明相对要亮。而高档品牌为更多地营造特殊场景气氛，往往会降低基础照明，增加局部照明的照度，使重点更突出，照明更富有层次。

2．重点照明

重点照明也称局部照明。服装展示中在对重点产品给予强调时，一般采用重点照明（图6-12～图6-15）。重点照明通常采用聚光的照射方式。橱窗在销售场所占有重要地位，橱窗设计是否能吸引人，往往决定了顾客是否会进入商店，所以橱窗的照明通常都会采用重点照明。一般会对重点部分采用局部照明。另外，越是高档的商品，例如贵重的珠宝首饰，通常会采用局部照明来突出商品光彩夺目的视觉效果。

第六章

图6-16、6-17 装饰照明

图6-19 利用冷暖光分割服装展示空间

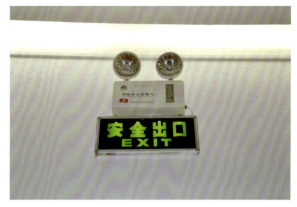

图6-18 应急照明

3. 装饰照明

在现代展示空间中,装饰照明不仅可以调节气氛还可以帮助信息高效传达。特殊的光照氛围可以营造戏剧性的或超现实的气氛,创造独特的艺术感染力,渲染展品的特性,从而吸引更多的注意力,给观众留下深刻印象。

在装饰照明中要关注新材料、新技术的发展,如光导纤维、激光技术等,要善于引进新材料、新技术创造独特的艺术效果(图6-16、图6-17)。

4. 应急安全照明

应急安全照明也称作应急照明或安全照明,是在服装展示空间中,特别是商业中心的展示中,为了应对地震、火灾等灾害使展示空间在供电中断时,保障室内人员安全撤离的独立的照明系统。在通道、楼梯、安全出入口都应有应急照明光源,在灾害发生时可以自动点亮并能保证连续照明90分钟(图6-18)。

6.2.2 展示照明设计应用

1. 用光分割空间

在展示环境中可以通过光的亮度和色彩变化来进行空间划分。光照的变化可以使同一空间产生丰富的视觉变化,呈现节奏起伏的美感。如有些品牌服装店在同一展示空间中展示有不同品类的产品,就可以通过光照的变化来区分不同区域。还可以通过光照变化来划分重点展示区域和非重点展示区域(图6-19)。

图6-20 顺光

图6-21 侧光

图6-22 逆光

图6-23 顶光

图6-24 底光

2．用灯光塑造形态

在展示设计中，展品形态的塑造是通过光的投射方向来完成的。展品由具体的材料组成，不同材料表面对光的吸收和反射度不同会影响展示的最终视觉效果。光对物体的形态、体积、质感、肌理的塑造可以从心理上影响人们的感受。光照的角度是影响物体形态面貌的重要因素，不同角度的照明会使同一个物体呈现出不同的视觉效果。一般在单一光源条件下，用光塑造形态有以下几种情况：

（1）顺光。顺光也称正面光，是从物体前方投射的光照。物体的形态、材质能够正常体现，但体积感的塑造效果较差，展示效果容易显得平淡（图6-20）。

（2）侧光。侧光是从物体侧面投射的光。这种光照角度对于塑造物体的立体感和材质肌理效果好。可以根据需要调整正侧面、3/4侧面、1/3侧面等多种角度变化（图6-21）。

（3）逆光。逆光是从物体后面投射光照。这种光照角度不利于塑造体积感，但对于优美的轮廓却可以呈现出富有魅力的剪影效果（图6-22）。

（4）顶光。顶光是从上向下照射的光，塑形效果差。一般用于辅助照明或特殊效果的照明（图6-23）。

（5）底光。底光是自下而上的照射，这种光照和顶光一样，塑造立体感的效果差，一般用于辅助照明或特殊效果需要（图6-24）。

图6-25～图6-28 利用
各种角度的光照相结合
渲染气氛

在展示设计中，往往会根据展示效果的需要，以某一种光照为主，用其他光照作为补充，采取多种光照角度相结合的方式塑造形态、渲染气氛（图6-25～图6-28）。

3. 光的象征性

在自然界中，光是令人向往的。那自内而外的张力，象征了一种主宰的力量。展示中内藏光的运用，特别是结合现代透明和半透明材料，制造出神奇的视觉效果（图6-29）。冷光与暖光源的运用将色彩的象征性通过光来传递，给人以不同的心理感受。在展示设计中常用冷暖光源来传达季节、气候、节日等信息。如用暖光传达家的温馨，生活的美好等信息；用冷光来塑造冷静、内敛、有个性的形象，传达"酷"的信息。冷光也常用于前卫时尚的服装品牌或高科技产品的展示，以体现神秘不可知的感觉（图6-30）。

图6-29 内藏光的运用，结合特殊材料，制造出神奇的视觉效果

图6-30 冷光的运用，很好地
体现了该品牌个性的风格

图6-31～图6-34 选择符合品牌定位的照度和亮度才能有效提升商品价值

6.3 服装展示照明的设计原则

1．真实显色的原则

人们对服装色彩的挑剔是影响服装选择的重要因素，不同光照条件下的服装色彩差别非常大。因此，选择显色指数高的光源，真实地体现展示对象的固有色彩是服装展示设计的基本原则。展示照明要选择接近太阳光线的光源。

2．选择适合的照度和亮度

照度指物体被照面的光通量的多少，是衡量光照水平的指标。照度与光源发光强度成正比，与被照射物和光源的距离成反比。亮度指光源在视线方向单位面积上的发光强度。被照射物表面的亮度，不仅与照度水平有关，还与物体对光照的反射率有关。在相同照度条件下，明度高的物体比明度低的物体要亮。通常以照度水平作为衡量照明质量的标准。

展示空间的照明设计要充分考虑顾客的生理需要及心理感受。过于强烈的、使人易产生视觉疲劳的照明应尽量避免。照明的照度和亮度要符合品牌的定位和商品的特点，能够提升商品的价值。一般来说越是高档的商场，对高档商品的照明越趋于柔和（图6-31～图6-34）。

图6-35 服装店中对不同区域采用不同的照明方式

3．主次分明

服装店展示空间中各部分照明的主次关系，根据其在卖场中的作用，一般按以下顺序排列：橱窗—边架—中岛—其他。非重点照明部分要满足基础照明要求，对重点展示区域或展品给予充分的照射（图6-35）。

4．谨慎使用有色光

在展示设计中，为了营造某种特殊气氛，有时可以借助于有色光源。但对于重点展示物，要选择能忠实显色和能展示物体质感的光源，并给予重点照射。

5．使用冷光源

在展示设计中，出于安全的考虑，应尽量少选择在照明过程中会产生高热量的光源。

6．光源不含紫外线

对于价值高、珍贵的展品照明，应选择不含紫外线的光源，以避免紫外线对物品的伤害。

7．节能、环保、经济的原则

商品的视觉效果很大程度上取决于有效的照明。照明设备的选择要根据照明效果的要求，在满足上述展示照明条件下，光源的选择应同时兼顾节能、环保及经济的原则。根据不同展品对光照的不同需要进行设计，要科学用光。光照强度要恰如其分，过度光照不仅浪费能源，而且还会有损展品的形象。

第七章　服装陈列设计

7.1 服装陈列的分类

　　服装在商业空间即服装零售店的陈列形式主要有挂装陈列、叠装陈列、人模陈列、平面展示陈列等。各种陈列形式各有优缺点，在服装商业展示空间中往往综合使用，取长补短。

7.1.1 挂装陈列

　　挂装陈列有正挂和侧挂两种形式。挂装陈列服装是用衣架挂放的，服装的保型性较好。这种陈列方式非常适合对服装平整性要求较高的高档服装，如男西装、女套装、礼服等。挂装陈列展示效果好，但空间利用率比较低。一般来说越是高档的男装、女装，越多采用挂装展示方式（图 7-1、图 7-2）。

图 7-1、图 7-2
挂装陈列形式

图7-3~图7-5 正挂陈列方式

图7-6 正挂陈列时应考虑服装的色彩与长短的协调性

1. 正挂陈列

正挂陈列就是将服装以正面展示的一种陈列形式。展示效果好，服装正面的设计细节清晰。市场定位不同的品牌正挂陈列时，有的只陈列单品，有的会将服装内外、上下搭配好陈列。正挂陈列方便取放，方便顾客拿取试穿。有些正挂的挂钩上可同时挂上几件服装，既有展示作用，也有储货作用（图7-3~图7-5）。正挂陈列兼顾人模陈列和侧挂陈列的优点，又弥补侧挂陈列不能充分展示服装细节、人模陈列占用空间较多、易受场地条件限制的缺点，是目前服装店铺采用的重要的陈列方式。

正挂陈列的规范：

（1）衣架款式应统一，挂钩朝向同一个方向，一般向左，整齐统一，方便顾客取放。

（2）可以进行单件的服装陈列，也可进行上下装的搭配。上下装组合搭配陈列时上下装套接的位置一定要到位。上装在下装外或放进下装中都要设计好。一般情况下吊牌应不外露。

（3）如有上下平行的两排正挂，通常将上装挂上排、下装挂下排。

（4）可多件正挂的挂通，应用三件或六件进行出样，要考虑相邻服装色彩、长短的协调性。同款同色尺码按由外至内、从大到小排列（图7-6）。

图7-7、图7-8 侧
挂陈列方式

2．侧挂陈列

侧挂陈列是将服装侧向挂在货架挂通上的一种陈列形式。侧挂陈列的缺点是不能直接展示服装的细节，因为在一般情况下，顾客只能看到服装的侧面，只有当顾客从货架中取出衣服后，才能看清服装的整个面貌。侧挂的展示效果比正挂要差些，但优于叠装陈列。侧挂陈列的空间利用率比正挂陈列要高，但低于叠装陈列。商业展示中通常采用侧挂与正挂相结合的展示形式（图7-7、图7-8）。

侧挂陈列的规范：

（1）衣架、裤架款式应统一，挂钩方向统一，一般应朝里，以保持整齐，方便顾客取放。

（2）衣服要熨烫平整，根据服装款式需要系好纽扣、拉上拉链或系上腰带以及保持服装整齐。一般情况下吊牌不外露。

（3）服装的正面一般朝向左方，因为大多数顾客习惯用右手拿取商品。由左至右按照从小码到大码的顺序陈列。

（4）侧挂陈列服装的数量既要避免太空也要避免太紧。一般越是高档的服装陈列间距越大，空间利用越趋于浪费（图7-9、图7-10）。

图7-9、图7-10
越高档的服装
陈列间距越大

图7-11 挂钩的方向不统一
图7-12 衣架和挂钩的方向都不统一，不符合侧挂陈列的规范

图7-13~图7-15 叠装陈列方式

图7-16 叠装陈列和小配饰陈列组合

图7-17 叠装陈列

7.1.2 叠装陈列

叠装陈列是将服装用折叠方式进行展示的一种形式。叠装的空间利用率高，可以储存一定货品，但只能展示服装部分细节，服装的展示效果差。大面积的叠装组合可以形成一定的视觉冲击力，和其他陈列方式相配合，增加服装展示空间视觉的变化（图7-13~图7-17）。

叠装陈列在休闲类服装零售店中使用较多，一方面由于休闲装的款式和面料比较适合采用叠装形式；另一方面，价位较低的大众化的休闲品牌，日销售量较大，店铺中需要有一定数量的货品储备，通常会大量采用叠装的陈列形式以充分利用销售空间。一些高档男装或女装品牌采用叠装陈列主要是为了丰富销售场所中的陈列形式。

叠装的陈列规范：

（1）叠装规格尺寸必须要整齐统一，服装均需拆去外包装，叠放平整，肩位、领位要整齐，一般情况下吊牌不外露。

（2）叠装陈列时服装的整理比较费时，在零售店中通常应在叠装陈列附近同时陈列同款的挂装，来满足顾客的试衣需求。

（3）如服装上有图案，应尽量将图案和花色展示出来，同叠服装上下要对齐。

（4）如果每叠服装尺码不同，应按照由上至下从小码到大码的顺序排列。

（5）层板上每叠服装的高度一致，为了整齐美观，通常需要用统一规格的衬纸叠放。中高档品牌通常每叠服装陈列两件或三件，最多四件；低档休闲品牌每叠可能会陈列更多服装。为了方便顾客取放，每叠服装的上方一般至少要留有一定的空间。

（6）层板上各叠服装之间的间距，既不要太松，也不要太挤。市场定位不同的服装在叠装陈列的空间密度安排上有很大差别，通常中低档大众休闲品牌陈列密度大，而越高档的时装品牌陈列越稀疏。

图 7-18~图 7-
21 人模陈列方式

7.1.3 人模陈列

把服装穿着在仿真模特上的一种展示形式，简称为人模陈列。

仿真模特的造型风格多样，有的生动写实有的冷静抽象，不同风格的服装品牌可以有不同的选择。从形态上分，有全身人模、半身人模，以及用于展示帽子、手套、袜子等服饰品的头、手、腿、脚的局部人模（图 7-18、图 7-19）。

人模陈列的优点是将服装用最接近人体穿着时的状态进行展示，可以使服装的款式风格、设计细节充分地展示出来。人模陈列通常用于橱窗展示中或店堂内显著的位置上。用人模展示的服装，其单款的销售额往往比其他形式出样的服装销售额高。因此服装零售店里用人模展示的服装，通常是当季重点推荐产品或最能体现品牌风格的服装（图 7-20、图 7-21）。

人模陈列的规范：

（1）同一品牌的商业空间（零售店、连锁店、展览会等）中的展示模特风格应统一。

（2）同一展示空间中通常由两个以上的人模组合展示，同组人模的着装风格、色彩应采用相同系列。

（3）除特殊设计外，人模的上、下身均不能裸露。

（4）配有四肢的人模，展示时应安装四肢。

（5）不要在人模上张贴非装饰性的价格牌等物品。

7.1.4 平面展示陈列

平面展示的服装通常为搭配好的成套服装和服饰品，组合陈列在流水台或流水桌上。平面展示的效果好但空间占用比较大，主要是为了丰富商品组合形式，活跃展示空间而采取的一种展示形式（图7-22~图7-25）。

图7-22~图7-25 平面展示陈列方式

7.1.5 其他陈列形式

现代展示陈列手法不断丰富，设计师的创意也不断推陈出新。我们可以在现代化的服装商业销售终端看到越来越多的充满创意的服装展示形式，甚至很难将它们归类。而且随着市场竞争的加剧，这种展示创意不断创新的趋势还会继续下去（图7-26~图7-31）。

图7-26其他陈列方式

图7-27～图7-31 其他陈列形式

以上几种不同的陈列方式各有利弊，人模陈列的展示效果最好，但缺点是占用的面积较大；挂装保型性好，展示效果也不错，叠装最节约空间但展示效果最差。所以在服装零售店中通常是将挂装、叠装、人模陈列与平面陈列组合应用，一方面可以取长补短，另一方面可以丰富店内空间的展示形式（图7-32～图7-38）。

图7-32～图7-38 各种陈列方式的组合运用

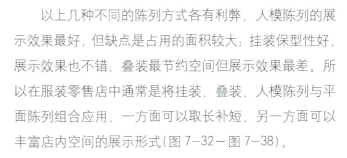

图7-39、图7-40 奇异、夸张的不合理构成形式使服装展示更引人注目

图7-41 有序、便捷的陈列，使顾客和销售人员拿取方便

7.2 服装陈列设计的原则

　　服装是一种商品，现代社会人们对服装的要求越来越个性化，消费也越发趋于理性，情感消费在销售中的因素越来越受到关注，服装在销售空间的陈列效果对于消费者有目的的引导和销售的促进显得更加重要，一般来说商业空间的服装陈列应遵循以下原则：

1．吸引和引导

　　服装的陈列要能够吸引消费者，使其产生兴趣，引发共鸣。获得情感交流和审美认同，进而产生购买行动。即使这次没有引发直接的购买行为，也要能够给消费者留下深刻印象，使其关注品牌的文化和产品，为潜在的销售作准备（图7-39、图7-40）。

2．有序和便捷

　　产品类别清晰，陈列摆放井然有序，使人一目了然（图7-41）。陈列方式要方便顾客及销售人员拿取。杂乱无章的陈列和购物过程中的一点不便利，都会使消费者产生烦躁情绪，从而留下不愉悦的印象。

3．丰富和趣味

陈列方式丰富多样，强调个性，避免雷同，给顾客多种选择的乐趣。使消费者获得丰富的趣味性和视觉享受后产生购买欲望（图7-42）。

4．和谐与美感

对于美与和谐的追求是人的天性。服装陈列丰富的各个要素要和谐统一，带给人愉悦的精神体验（图7-43～图7-45）。

5．安全

装饰、灯光及展具等硬件设施安全，能够带给消费者安全的心理感受。

图7-42　丰富有趣味服装展示设计使人产生购买欲望

图7-43～图7-45　和谐、美的展示效果带给人愉悦的精神体验，以此促进销售

6．装饰品陈列原则

配饰商品的特点是体积较小、款式多、花色多。在陈列的时候要注意整体、序列感。陈列时可以和服装进行搭配陈列，也可以划出饰品区单独陈列。配饰商品合理的陈列，不仅可以丰富卖场的陈列效果，同时还可以增加连带的销售。许多国际一流品牌的服饰品销售额甚至超过了服装。配饰陈列时应注意以下几点：

（1）装饰品与服装搭配陈列时要按照服装的色彩、风格进行。

（2）丝巾、手袋、眼镜等饰品，在顾客取放后很难达到陈列的美观要求，要定时整理，避免杂乱。

（3）在卖场中单独开辟饰品区进行展示，可将其安排在收银台旁边或更衣室旁，以方便顾客连带购买。

（4）一般来说吊牌不外露。

（5）饰品要分类陈列，要强调整体性，化繁为简。

（6）手袋内应放上填充物，使其展示出完美的形态。

陈列原则可以概括为：系列搭配、平衡美观、分色系、立体化、多样化(图7-46～图7-49)。

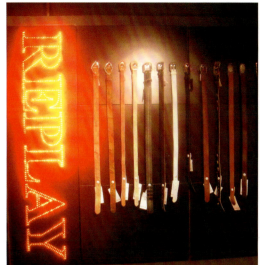

图7-46～图7-49
装饰品的陈列方式

第八章   服装展示色彩设计

色彩是服装展示信息传达中重要的视觉元素。人的视觉对光和色彩最为敏感，在观察事物时最先关注到的是色彩。色彩相对于形态和材质等视觉语言来说，对人的心理、情感的影响更为突出。因此，研究色彩的情感和配色法则，在服装展示设计中对营造理想的展示效果具有重要意义。

8.1 服装展示色彩与展示空间

8.1.1 色彩的性格

人类在长期的生产生活中，通过观察、感知，关于色彩的性格表情积累了许多经验。比如看到红色会和太阳、火、鲜血联系在一起；看到蓝色会联想到天空和大海；看到绿色会和植物树木联系在一起；把黑色与黑夜、煤炭联系在一起等。不同色彩对生理的刺激所引起的心理反映带有明显的倾向性。不同色相、明度或纯度的色彩及色彩组合可以产生不同的色彩格调，呈现不同的性格表情，带给人温暖或寒冷、远或近、轻或重、欢快或忧郁、活跃或宁静、软或硬、华丽或朴素等不同的心理感受。在服装展示中可以利用色彩的情感特性以及色彩对人心理的影响来调节控制展示空间、强调重点展示区域、烘托展示气氛，力求达到优美的展示效果，获得高效的信息传播效率（图8-1、图8-2）。

8.1.2 色彩的专属性

随着时代的进步，人类的色彩体验也更加丰富和复杂。人们在购买商品时对色彩的选择是一项重要的考虑内容。对色彩的偏爱说明人对色彩有极大的主观性，这种主观性不仅体现为不同个人对色彩选择的差别性，还体现为不同地域、不同民族的差异性，这是由生活环境、民族习惯、宗教信仰等因素造成的。色彩的专属性和品牌的文化内涵一起深深地影响着我们的选择。色彩已不仅仅是一个自然的视觉元素，还是影响我们生活选择的信息元素。

图8-1、图8-2 利用不同的色彩倾向传达品牌理念

图8-3、图8-4 童装的展示利用了粉色的展示道具

图8-7 品牌专有色

图8-5 饱和度高的纯色在展示设计中的应用；图8-6 品牌专有色

1．色彩与行业

不同色彩的性格使人产生不同的心理反映，比如甜或酸的味觉联想；清洁与舒适、活泼跳跃与冷静沉闷、华丽与内敛等的联想。因此，不同的色彩往往带给人不同行业联想的倾向。今天我们生活在一个广告时代，在商业展示中，展示的色彩都会表现出与行业相关的信息。比如餐饮业往往用橙色、苹果绿、柠檬黄等容易引起味觉联想的色彩；儿童用品往往用饱和度高的、给人活泼跳跃感觉的纯色；医疗行业用白色、浅蓝、浅粉等使人产生清洁、安静联想的色彩（图8-3～8-5）。

2．色彩与品牌

在展示活动中，传达信息的手段不仅通过产品，而且还通过企业象征符号——VI系统来实现。信息受众不仅通过品牌标识（文字、Logo图形），还通过色彩获得特定的品牌信息。品牌专有色是企业VI识别系统中非常重要的视觉传达要素。专有色让受众更容易记住品牌，从而在有意无意中关注与品牌有关的信息。比如把火红的颜色与法拉利跑车、可口可乐相联系；粉绿色与西门子相联系；红黄的色彩组合联想到麦当劳等。因此，在服装展示设计中，首先从与品牌的专有色、品牌的产品定位、展示的内容等因素相关联的色彩去考虑整体的色彩使用计划（图8-6、图8-7）。

8.1.3 色彩与展示空间

1. 利用色彩确定空间基调

色彩是比形态、材质更令人敏感的视觉元素，也是影响展示空间效果的辩识率最高的视觉要素。当人们在较远距离观察事物时，物体的形态、材质还没有辨识清楚，色彩却被首先辨别出来。在展示空间中，信息受众对空间的布局，展示的细节还没有看清楚时，空间的整体色调已经对观众的心理产生了作用。因此，展示设计中常常借助色彩的性格特征来引导观众对展示空间的视觉联想，调整展示空间的平衡关系，烘托展示所要达到的特殊空间气氛，强化品牌形象，提高信息传达效率（图8-8～图8-12）。

图8-8～图8-12 服装展示设计中利用色彩的性格特征来引导观众对展示空间产生视觉联想，烘托气氛

图8-13、图8-14 服装展示设计中利用色彩分割空间

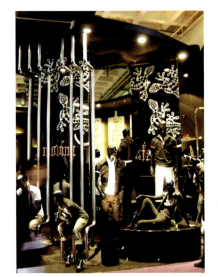

图8-15~图8-17 确定符合品牌定位的色彩基调

2．利用色彩分割空间

在服装展示设计中，展示空间的大小、形态有可能对展示区域的划分形成制约，而通过色彩来划分不同的功能区域是经常采用的方法。通过采用不同性格的色彩，利用色彩对人的心理影响来调整空间布局，可以达到完美的展示效果。例如在不规则的展示空间中用浅淡的色彩使狭小的空间产生扩张感；综合性服装展示中，利用不同色彩划分不同服装品类区域；利用色彩将展示中需要强调的重点陈列区域突出出来等（图8-13、图8-14）。

8.2 服装展示色彩设计程序

首先，确定整体基调。服装展示空间主色调的设定是由品牌专有色、品牌的产品定位、目标消费者定位、服装展示的内容等因素综合考虑决定的，应采用与这些因素相关联的色彩实现整体的色彩使用计划。第二，根据企业的经营理念、消费者的年龄、展示内容特点等因素，做出色彩分析。在总体色彩规划基础上，分析展示内容的要求、展示目标、产品的色彩特点等因素，设定各个区域的色彩，运用细节突出展品，避免展示空间或展示道具等的色彩喧宾夺主。第三，在服装展示中，美感与和谐是人们的共同追求，不存在不美的色彩，只有丑陋的色彩组合。美与和谐体现在色彩的明度与纯度、面积与配置的关系中。应利用节奏、渐变、对比、调和等美感法则，人的视错觉，色彩的性格及人对色彩的心理反映等关系，营造生动、平衡的展示效果。第四，从地域环境和人文风俗考虑。地域环境包括国家地理、季节气候等；人文风俗包括宗教及民俗对某种色彩的喜好与排斥等（图8-15~图8-17）。

8.3 服装陈列色彩设计

在服装展示中，不同品牌的市场定位和产品品类不同，其产品的色彩往往是混合色调，色彩的设计应用比单纯行业选择更为丰富多样，展示方法也更为复杂。本节从服装展示陈列方式——挂装陈列、叠装陈列、平面展示陈列和人体模特陈列来阐述服装陈列色彩设计。

8.3.1 挂装陈列

挂装陈列分正挂和侧挂两种。正挂展示效果好，但空间利用率低；侧挂空间利用率高，易形成色块渲染气氛，但服装细节设计展示效果差。在服装展示陈列中往往采用正挂与侧挂相结合，使两种展示方式优势互补。

挂装的色彩展示方法通常有间隔法、渐变法、彩虹法。

1．间隔法

由于大部分品牌的产品品类都比较多，服装的色彩也都比较丰富，所以间隔法适用于大部分男装、女装和童装品牌的产品展示。一般每款服饰同时连续挂列两件以上，货品不足情况下一般也不少于两件，以不超过四件为宜。通常有2+2、2+3、2+4、3+3、3+4等出样方式（图8-18）。不过也有很多高档奢侈品牌每款只陈列一件。间隔法在实际应用中又可细分为色彩间隔、长度间隔和色彩、长度同时间隔三种。

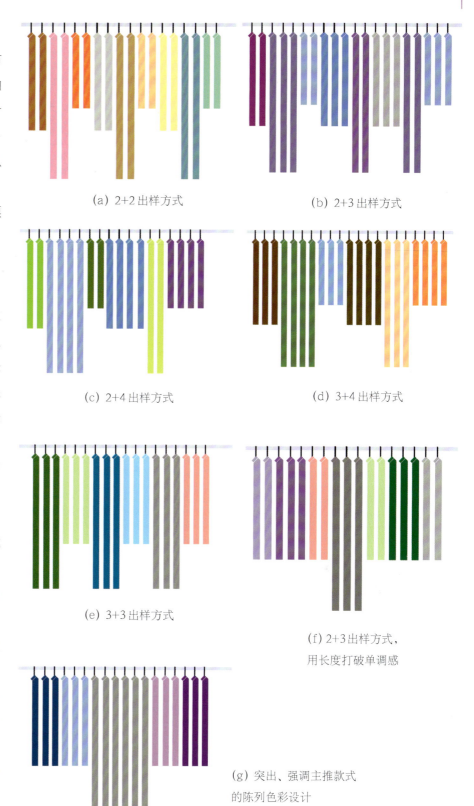

(a) 2+2出样方式　　　　　　　(b) 2+3出样方式

(c) 2+4出样方式　　　　　　　(d) 3+4出样方式

(e) 3+3出样方式

(f) 2+3出样方式，
用长度打破单调感

(g) 突出、强调主推款式
的陈列色彩设计

图8-18　间隔法色彩展示方法

（1）色彩间隔

陈列时将服装款式相近，长度基本相同的陈列在一个挂通上，只在色彩上进行间隔变化来获得节奏感的一种陈列方式。这种陈列方法在T恤、男衬衫、裤子等产品的陈列中比较常见。

（2）长度作间隔

将服装色彩相同或相近，款式长度不同的服装陈列在一个挂通上，通过长短的间隔变化来获得富有韵律的美感。这种陈列方法常见于服装色彩比较单一的品牌（图8-19）。

（3）服装的长度与色彩同时间隔

将服装按照系列进行陈列，把相同系列，不同色彩、不同长度的服装陈列在一个挂通上，获得更为丰富的节奏与韵律感（图8-20）。这种陈列方法适用于绝大部分服装品牌，也是商业销售终端最为常见的一种方法。

图8-19 以服装长度作间隔　　　　　　　　　图8-20 以服装长度与色彩同时间隔

2．渐变法

渐变法适用于服装款式变化相对少，色系变化丰富的品牌陈列。成熟男、女装品牌或单一品类品牌如牛仔、内衣或袜子等应用比较多。

正挂色彩渐变从前向后由浅至深，由明至暗。侧列式挂装渐变从左向右，由浅至深（图8-21、图8-22）。

图8-21、图8-22
渐变法

图8-23 彩虹法

3．彩虹法

彩虹法适用于产品品类少，色彩鲜艳丰富的品牌陈列。多用于男衬衫、T恤、领带、童装、饰品等品牌陈列（图8-23）。

8.3.2 叠装陈列

叠装陈列展示效果差，但空间利用率最高，应用范围非常广泛，无论男装、女装、童装，或者是职业、运动、休闲品牌，是普遍采用的展示方式。叠装展示方式由于服装是折叠摆放，款式设计细节几乎看不到，所以主要靠色彩的变化进行陈列。一般根据品牌的风格和产品色彩的特点进行组合变化。

1．间隔交错法

叠装色彩交错可以有横向、纵向、斜向间隔组合。常见于款式变化丰富，色彩变化相对较少的品牌陈列。

（1）双色组合（图8-24）：两种颜色交替变换。

（2）三色组合：在双色组合基础上以有三色至多色进行组合，可以产生无穷的变化（图8-25）。

（3）多色组合（图8-26）：多种颜色组合变化。

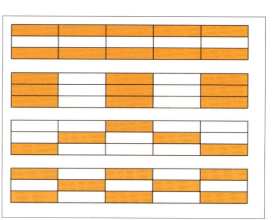

图8-24 双色组合

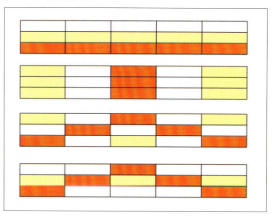

图8-25 三色组合

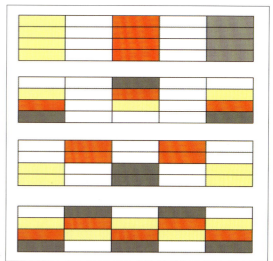

图8-26 多色组合

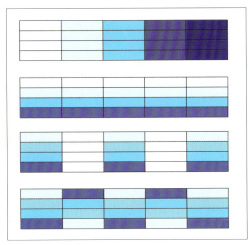

图8-27、图8-28 叠装色彩陈列——渐变法

2．渐变法

渐变法多用于牛仔裤、男衬衫、T恤等色彩变化丰富、款式相对变化较少的服装陈列。渐变也可以有横向与纵向的陈列方式，还可以根据具体的品牌、产品色彩特点，采用间隔与渐变组合的陈列方式（图8-27、图8-28）。

3．彩虹法

彩虹法多用于领带、T恤等品类服装、服饰的陈列（图8-29）。

彩虹法与间隔法组合应用（图8-30）。

在上述色彩陈列法则实际应用时，要注意无彩色的作用，饱和度高、不易融合的色彩可以用无彩色间隔，以达到色彩调和、视觉平衡的效果（图8-31～图8-33）。

图8-29 叠装色彩陈列——彩虹法

图8-30 叠装色彩陈列——彩虹法与间隔法组合应用

图8-31 叠装渐变法陈列方式，配饰彩虹法渐变法组合陈列方式　　图8-32～图8-34 叠装陈列彩虹法的实际应用

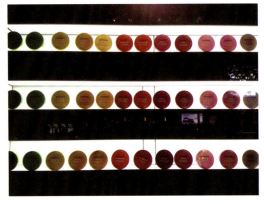

9 第九章　服装橱窗展示设计

9.1 橱窗展示的功能

橱窗展示是现代服装展示的重要组成部分，是商业零售业普遍采用的一种立体广告形式，处在品牌视觉营销的最前沿。橱窗展示的首要目的是把品牌及商品的物质和精神属性，运用艺术手法和技术手段呈现给受众。橱窗设计的水平直接体现品牌的品味和内涵，而且是诱发消费者进店产生购买欲望的关键。橱窗的设计首先要符合品牌文化内涵，传达商业信息，突出产品特性，还要调动消费者情绪，诱发心理共鸣，从而达到引导消费、促进销售的作用。

橱窗展示的功能主要体现在以下几个方面。

1. 展示企业文化及品牌形象

橱窗展示是提升品牌价值的途径之一，是沟通品牌与消费者之间的一座桥梁。好的橱窗设计，可以使企业的文化和品牌形象得到充分展示，达到高效的信息传递和信息接受，实现品牌与消费者之间的交流，是消费者认知、认可、认同品牌的重要途径。

2. 展示商品信息

橱窗展示是传达商品信息的重要手段。设计者通过陈列设计把商品的性能、特点等信息完整、准确地展示给受众。通过空间设计、灯光控制、平面配置、色彩、道具等元素的综合调控，创造独特的视觉效果，赋予商品鲜活的生命力。使具有潜在购买力的消费者产生对该品牌商品的兴趣，萌发购买欲望，从而达到销售商品的目的。

图9-1～图9-3 封闭式橱窗设计

3．促进贸易，引导消费

在商业市场营销中，顾客的进店率是衡量展示设计优劣的一项重要标准。调研显示，有65%的顾客认为吸引他们进店的因素依次为品牌、橱窗、促销信息、导购介绍、朋友推荐。可见橱窗展示在企业文化传播和产品销售中的重要性。顾客是否有兴趣进入服装店往往是在看到橱窗展示信息后几秒钟内作出的决定。

4．美化环境

橱窗展示以最直观的方式传递时尚信息，以艺术化的手法带给人们美的享受。可以说橱窗展示是时代的镜子，通过橱窗展示传递的是一个城市，一个时代的精神面貌。徜徉在现代商业中心，即使没有购物也可以感受到各个品牌橱窗带给人们的美的体验。

9.2 橱窗展示的分类

9.2.1 从橱窗结构形式上分

1．封闭式

封闭式橱窗后背有隔板将橱窗空间与服装店内空间相隔离。这类橱窗空间独立，具有较强的视觉效果。适宜营造各种不同的场景气氛（图9—1～图9—8）。

图9-4～图9-8 封闭式橱窗设计

2. 敞开式

敞开式橱窗空间与店内空间相连，在橱窗外部可以直接看到店内空间。这类橱窗有一定的空间纵向（纵深）延伸度（图9-9～图9-15）。

图9-9～9-15 敞开式橱窗设计

3．半敞开式

半敞开式橱窗没有完整的隔离橱窗与店内空间的隔板，但有展示道具或POP海报等将橱窗与店内空间分隔。这类橱窗集合前两种橱窗特点，目前在市场上应用较多（图9-16～图9-21）。

图9-16～9-21 半敞开式橱窗设计

第九章

9.2.2 从展示内容上分

橱窗展示从展示内容上分可分为：场景式、专题式、系列式、季节式、节庆式、综合式等陈列方式。

1．场景式陈列

场景式陈列将商品置于某种设定的"生活场景"中，让商品成为角色，通过特定的场景传达生活环境中商品使用的情景，使用者的情绪等，充分展示商品的功能、外观特点，以及使用者在使用该商品时的状态和情绪。现代流行时尚与人们的生活方式、生活体验密切相关，把不同的生活场景应用于橱窗陈列，使消费者产生共鸣，把眼前的情绪与自己的体验联系起来，感觉品牌的产品、文化与自身的生活体验近似，产生亲切感，进而产生对品牌的认同感和归属感，从而达到促进销售的目的（图9-22～图9-27）。

图9-22～9-27 场景式陈列方式

2．专题式陈列

专题式陈列是以某一个特定事物或主题为中心，组织不同品类而又有关联的商品进行陈列，组合设计成一个整体。这种陈列方式有强化概念、普及知识、深化主题的作用。如生态环保、网络时空、户外旅游等主题陈列（图9-28～图9-33）。

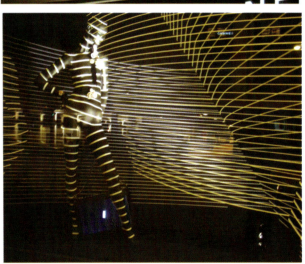

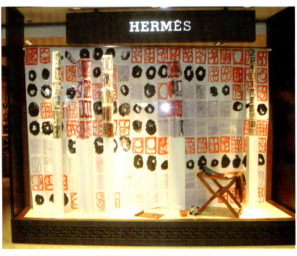

28	31
29	32
30	33

图9-28～图9-33 专题式陈列方式（图9-28、图9-29游乐园主题；图9-30自然主题；图9-31、图9-32科技与艺术的主题；图9-33"Pop Art"主题）

3．系列式陈列

系列式陈列将同类的物品按照某种关系组合成一个整体。如按照同质同类的系列陈列；同质不同类的系列陈列；同类不同质的系列等。另外某一个品牌的连锁店或多个不同直营店的橱窗，采用相同主题或场景，但陈列设计不完全相同，而且相关联的也可划分为系列式陈列。相同品牌的系列陈列可以增加趣味性，避免单调乏味（图9-34～图9-38）。

图9-34～9-38 系列式陈列方式

4．季节式陈列

　　许多商品都有销售的淡、旺季之分，服装恐怕是按照季节销售的最典型的商品了。服装的发布、生产和营销都以季节为依据。季节式陈列是按照一年四季的变化来陈列，通过相应的主题和内容创造典型的季节气氛，使适应季节的产品得到充分展示，以促进销售。现代展示设计中，激烈的竞争使许多品牌将产品设计与营销划分得更细致。产品按照更明确的季节如初春、仲春、初夏、盛夏、初秋、深秋、初冬、严冬等，规划上市时间（图9-39～图9-43）。

图9-39～图9-43 季节式陈列方式

5.节日式陈列

　　节日往往是商品销售旺盛的时期,节日陈列是服装展示橱窗陈列的重要内容。一年中东西方的各种节日也非常丰富,如中国的传统节日:春节、元宵、端午、中秋等;西方的情人节、母亲节、万圣节、圣诞节等。节日通常是人们走亲访友,增进感情的机会,激烈的市场竞争使商家有针对性地利用富有节日特色的商业展示设计来烘托热烈的节庆气氛,以感染消费者,促进销售。每年最为隆重的圣诞节、春节,各个商家都会提前渲染气氛,延长节庆消费的日期区段。如西方的新年从圣诞节就开始有热闹喜悦的气氛了,服装展示的橱窗也通过将蜡烛、雪花、圣诞树、圣诞彩蛋等传统元素与商品结合以突出主题(图9-44~图9-48)。

图9-44~图9-48 节日式陈列方式(圣诞节)

6．综合式陈列

将许多相同或不同品类、不同性质的物品进行组织，陈列在一个空间环境中，组合成一个完整的橱窗广告，传达一种总体印象，是综合性百货商场或多品类经营的品牌常用的展示方式。综合式展示要注意展品间的条理性和主次关系，避免给人杂乱无章的感觉（图9-49）。

9.3 橱窗展示设计原则

1.AIDA 效应

AIDA 是英文 Attention（注意）、Interest（兴趣）、Desire（欲望）和 Action（行动）的第一个字母的缩写，是指消费者在营销活动中的一系列心理意识活动。服装展示的目的首先是引起消费者注意，使顾客对商品产生兴趣；进而产生拥有的欲望并最终付诸购买行动。在这一过程中，橱窗展示所带给消费者的视觉感受是引起关注和兴趣的直接诱因。橱窗设计的成功与否直接影响消费者是否有进一步行动的关键。这就要求设计师在设计前研究目标消费群的生活方式、心理特点，善于发现消费者的兴趣点，并运用艺术手法将这些兴趣点及品牌要传达的信息夸张、放大。所以在橱窗展示设计中常常将商品的特性通过夸张放大或运用对比等设计手法，使品牌要传达的信息容易被识别和理解，这是服装展示设计成功的关键一步（图9-50～图9-53）。

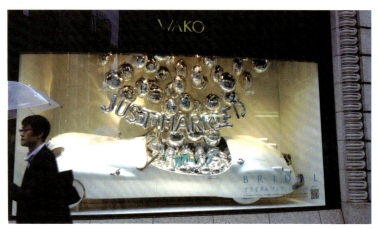

49	52
50	
51	53

图9-49 综合式陈列方式

图9-50～图9-52 橱窗展示设计的AIDA效应，用各种艺术手法吸引观众注意力

图9-53 不断旋转的模特比静止的模特更能吸引行人注意

2．突出商品特性

橱窗展示的首要目的是把品牌及商品的物质和精神属性，运用艺术手法和技术手段呈现给受众。橱窗的设计首先要符合品牌的文化内涵，传达商品信息，突出产品特性。如果橱窗设计仅仅追求视觉的刺激，不能很好地传达商品信息，那么除了让消费者有一个短暂的视觉记忆，并不能诱发对商品的兴趣，这样的设计是失败的。好的设计要求设计师要深刻理解品牌文化内涵，了解商品的特性、目标消费群的心理特点。围绕季节或特定主题，总体把握橱窗展示的风格、色调，注重形式与展示内容的统一和谐（图9-54～图9-56）。

3．创造愉悦的美感体验

对于美与和谐的追求是人的本能反应。经济的发展，时代的进步使现代生活日趋丰富多样化，御寒与防护已不再是人们着装的首要目的，服装的装饰美化功能越来越多地成为人们的追求目标。作为服装营销前沿的橱窗设计更应该是美的传达缔造者。橱窗展示设计师要善于应用各种艺术手法，营造和谐的展示空间、引人入胜的艺术氛围，同时兼顾展示设计的趣味性，带给消费者美的视觉体验和愉悦的心理享受（图9-57～图9-62）。

图9-54 抓住商品使用者在使用的瞬间，来传达商品的性格特征

图9-55 动态橱窗展示设计

图9-57 通过灯光、道具等多种元素来创造橱窗展示的美感，给消费者带来愉悦的心理享受

图9-56 装饰图案突出品牌风格

图9-58 动态视频橱窗展示设计

图9-59～图9-62 服装橱窗展示创造愉悦的美感体验，可以提升商品的价值

4．引导理解，深化记忆

品牌的内涵与产品设计理念往往是用抽象的文字概念来表达，而橱窗则是用具象的视觉语言来传达品牌和产品的信息。这就要求设计师通过艺术手法将抽象的概念符号转化为形象化的视觉语言，使其与产品组合成一个有机整体，创造艺术化的语境氛围，引发消费者的联想，加深对品牌和商品的印象，使企业的文化和品牌形象得到充分理解和记忆，达到高效的信息传递和信息接受，实现消费者对品牌的认同（图9–63、图9–64）。

图9–63 用欧式家具、画框等道具引导消费者理解产品的设计灵感来源

图9–64 用黑白照片来渲染怀旧的英伦风情，加深消费者对品牌的印象

图9–65 运用道具形成焦点，营造气氛，突出商品

图9–66 夸张醒目的道具吸引行人注意

第十章 服装展示道具设计

10.1 服装展示道具设计的原则

在服装展示设计中，设计师的巧妙构思往往需要借助许多展示道具的配合来完成展示商品、传递信息的目的。展示道具不仅是服装陈列的必不可少的承载实体，而且其色彩、材质、形态往往是构成展示格调的重要因素。服装展示道具设计应注意以下几个原则：

（1）服装展示道具的外观形态要符合实际展示的功能需要，要利于展品的陈列，力求功能与形式的完美统一。

（2）不同用途的展示道具的尺度要符合人体工程学的要求。

（3）展示道具的结构要结实可靠，一方面要保证展品的安全，另一方面也要确保顾客的安全。

（4）陈列道具的选用要适合、适度。要做预算，控制成本，注重经济实用的原则。应考虑展示道具反复利用的可能性，尽量避免制作一次性展示道具。

（5）关注品牌文化与时尚趋势。道具的造型、材质、色彩格调要符合品牌的服装风格和展品的特性。

（6）道具要有可推广性。现代服装零售业中，品牌为了追求更大利润，往往采取扩大生产，降低成本等手段，逐步扩大营销区域，开设更多的直营店。有些品牌采用特许加盟的经营形式。品牌的终端销售形象要统一，往往会采用统一的展示道具。这就要求展示道具的设计要简洁、实用，具有可推广性。

10.2 服装展示基本道具设计

1．衣架设计

衣架是服装展示中应用最广泛的基本道具，不同品类的服装都有相应功能的展示衣架。不同品牌由于产品风格的区别，衣架的设计在满足功能的前提下可以在色彩、质地上有许多变化。比如高档服装可以选择比较昂贵的深色木质衣架来提升品质感；年轻、前卫的服装可以选择跳跃的色彩或金属色、树脂材料的衣架来衬托时尚的格调。衣架设计除了要考虑不同服装的风格特点，还要根据不同服装款式的展示需要进行设计。如深 V 领或阔开领上衣，因

图10-1 防滑衬垫

图10-2、图10-3 展示用衣架

款式的特点在取放时容易滑落，衣架设计应特别注意防滑效果，可以采用防滑材料或在衣架肩部加防滑衬垫（图10-1）；男士西服衣架的肩部要符合人体的肩部结构，以防止服装悬挂变形；女士吊带裙、吊带背心等应选用有防滑钩的衣架；裤子，裙子用专门的裤架（图10-2、图10-3）。

2.人体模台设计（图10-4~图10-20）

人体模特分仿真模特（拟人模特）、雕塑人体模特、人体局部模特、人台等形式。仿真模特也称拟人模特，其形象酷似真人，常用于橱窗、店内主要销售商品的陈列。仿真模特也有许多种风格选择，如青春活泼、时尚俏丽、成熟稳重等。不同品牌服装定位不同，往往会根据品牌风格定制专有的展示模特。雕塑人体模特也称作意向型模特。常见的有黑色、灰色等，与拟人模特相比更具有雕塑感，比较抽象。局部人体模特常用于展示单品类商品，如裤子、帽子、首饰、手表等服饰品。人台比拟人模特造价低，常用于中低档品牌的商品陈列，随着科学技术的不断进步以及设计思想的不断开拓，有越来越多的新材料模特应用于服装展示中。

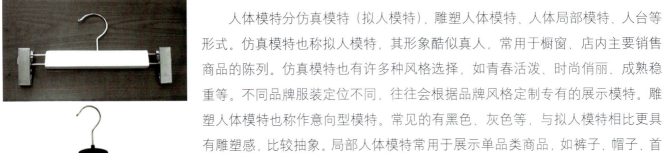

4	5	6
	7	8

图10-4~图10-6 仿真模特

图10-7、图10-8 抽象模特

图10-9～图10-13 雕塑模特

图10-14、图10-15 安普里
奥·阿玛尼(EMPORIO
ARMANI)服装展示用的塑
胶模特，卓越的设计让人印
象深刻，过目难忘

图10-16～图10-18
雕塑模特

图10-19 雕塑模特

图10-20 平面模特

3．展架设计

服装展示中常见的展架类道具有挂通、龙门架、象鼻架（也叫象鼻钩）、T型架等（图10-21～图10-24）。挂通和龙门架可以陈列较多数量的服装，陈列效率高但展示效果较差，顾客只能看到服装的侧面挂装效果。挂通和龙门架通常放置在展示空间的边缘靠墙位置。象鼻架用来展示服装正面的效果，展示效果好，但陈列效率低。服装展示中，通常将几种展架结合使用，以弥补各种展架的不足，优势互补，丰富展示空间内容（图10-25，图10-26）。

图10-21 挂通

图10-22 龙门架

图10-23 象鼻架

图10-24 T型架

图10-25 龙门架与流水台组合的中岛

图10-26 T型架与层板组合架

图10-27～图10-29 展柜

4．展柜设计

展柜是陈列、收纳商品的基本道具。同时还具有分隔空间的作用，也常用于空间结构布局。展柜有开放式和封闭式。开放式展柜的材料通常有金属、木质或塑料等。现代展示设计中根据品牌定位和设计创意的不同，也有树脂、无纺布等材料制作的。展柜内部空间通常由金属展架或木质层板组成，给人感觉亲切，方便顾客和销售人员取拿（图10-27～图10-29）。现代服装销售终端也有去掉传统展柜侧壁只用钢索和木质层板构成的展示道具，更加简洁、方便，特别适用于空间相对狭小的服装店（图10-30）。封闭式展柜因将展品与人隔离，使人产生价值上的差异感，贵重的珠宝首饰等商品通常会采用封闭式展柜（图10-31、图10-32）。

展柜的高度是展示道具设计中要考虑的一个主要因素。最方便顾客拿取的高度在60～160cm之间。高于160cm，不利于拿取，适合摆放非主要销售商品或展示用辅助性展品（图10-33）。

图10-30 狭小服装展示空间使用的展示道具

图10-31 陈列扳层

图10-32 封闭式展柜

图10-33 展柜的高度

5.展台设计

　　展台也称作流水台,是服装展示设计中重要的道具之一。它的形态有很多种,比较常见的有长方形、方形、圆形、S形等。材料也根据不同品牌的风格有很多种不同设计.常用于平面展示服装和服饰整体搭配的效果或用来陈列人体局部模特,展示服装单品。不同形态的展台还可以根据不同季节或不同主题进行不同的组合应用,从而降低展示成本,增加新鲜感。展台设计的原则是形态要符合展示的需要,比例符合视觉审美,高度符合顾客拿取的需要(图10-34～图10-38)。

图10-34～图10-38 各种造型的展台设

6．中岛

中岛是摆放在服装店中间的重要展示道具，通常由小型挂通、象鼻架、T型架、层板等组成，一般由可调节部件组合而成，所以在使用时可以根据不同季节的产品色彩、数量、风格等展示需要来调整道具的数量和高度，创造出不同的组合方式，还有将中岛与展台、展柜进行结合的展示设计（图10—39、图10—40）。

图10—39、图
10—40 中岛

图10—41～图10—43
POP 海报设计

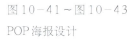

10.3 其他辅助道具设计

1．POP 海报

POP 是英文"Point of Purchase Advertising"的缩写，意为"卖点广告"，简称POP广告。它通常摆放在服装店的出入口处或橱窗中，用图片和文字结合的形式来传达品牌的营销信息。我国古代酒肆外面悬挂的酒葫芦、酒旗，客栈外悬挂的幌子、幡帜，或者药店门口挂的药葫芦或画的仁丹等，可以说是POP广告的鼻祖，有些标志甚至一直沿用至今。

POP的主要商业用途是刺激引导消费和活跃卖场气氛。其形式有户外招牌，展板，橱窗海报，店内台牌，价目表，吊旗，甚至是立体卡通模型等。服装展示中常用的POP为短期的促销使用，其主要形式有悬挂式、台式、卡片式等。表现形式大多夸张幽默，色彩强烈。能有效吸引顾客的注意力，诱发顾客的购买欲（图10—41～图10—47）。

图10-44～图10-47 各种形式的POP海报设计

图10-48 展示道具与品牌风格统一　　　　　　图10-49 展示道具突出品牌风格和产品特性

2．装饰用道具

　　服装展示设计中，展示的格调和品味，除了灯光、色彩和空间布局等要素的结合统筹外，往往还要借助装饰品来烘托展示主题，渲染气氛，丰富展示空间。装饰道具涉及到的种类很多，从形式上划分有平面的和立体的。平面的形式包括照片、装饰画、丝巾、广告招贴等。立体的形式包括绿色植物、花饰、雕塑、陶瓷、布艺等（图10-48～图10-53）。

图10-51、图10-52 充满当代艺术感的道具既实用又使商业空间充满艺术氛围

图10-50 装饰用展示道具

在橱窗展示中根据不同主题采用的装饰道具对突出气氛非常有效。如用花草、树枝、麦穗、雪花等表现四季；用灯笼、气球、彩带、礼品盒等表现节庆主题；用船锚、救生圈表现航海主题；用行李箱、望远镜表现旅行的主题等。随着科技进步，展示创意思路的开阔，有越来越丰富的材料和技术应用于展示设计，使展示道具的设计也产生了无穷的变化（图10-54～图10-73）。

图10-53 极富趣味性的领带展示设计

图10-54～图10-56 根据服装品牌的定位与风格选择适合的装饰用展示道具

图10-57 场景式道具陈列突出品牌风格和商品特性

图10-58 展示道具突出品牌风格和产品特性

图10-59～图10-62 选择适合的装饰用展示道具可以更好地传达品牌理念，高效传递商品信息

图10-63～图10-68 橱窗展示设计中各类装饰道具的使用

图10-69～图10-73 橱窗展示设计中各类
装饰道具的使用

此外，绿色植物也越来越多地应用到服装展示空间中。绿色植物不仅可以净化空气，过滤灰尘，还能缓解人们的视觉疲劳，调节情绪。而且绿色植物本身的美极具观赏价值，在美化展示空间的同时，带给人们赏心悦目的精神享受（图10-74～图10-77）。现代展示设计中甚至出现了将活体动物应用于展示空间的设计，给展示空间增加了生命的灵动气息（图10-78）。

74	76
75	77
	78

图10-74～图10-77 服装展示设计中利用绿色植物作为装饰道具；图10-78 活体动物的应用，使服装展示空间增加了生命的灵动气息

致谢
ACKNOWLEDGEMENTS

也许是射手座赋予的冒险精神，也许是天生的敏感；我每天都保持着强烈的好奇心和敏锐的嗅觉，随时捕捉生活中的好创意、好设计已经成为多年来养成的习惯。所以每年即使是上相同的课程我都会及时更新内容。但如果没有责任编辑谢未的督促，这本教材的修订、改版可能进行得不会这么快。版面的数量限制使得我对图片的取舍必须更加精益求精。经过一段时间的集中奋战，教材的改版终于完成，算是弥补了一些初版的遗憾与不足。

感谢我可爱的学生们，他们年轻的面孔、求知的眼眸激励我不断保持活力与充沛的精力，不断寻求更有趣的创意和更好的设计。展示设计的教学中他们不断带给我灵感和欣喜，让我和他们共同成长、共同进步。我希望他们那些也许在今天看来还天马行空的服装展示创意能够在不久的将来成为现实。

感谢好友赵秀梅帮助我实现了自己服装品牌店的设计；感谢好友姚遥给我的服装店设计提出了很多的建议；感谢我的父母家人；感谢所有帮助过我的朋友们。

孙雪飞
2017 年 7 月

[1]赵云川. 展示设计[M]. 北京：中国轻工业出版社,2006

[2]冯晓云，任仲泉.展示设计实务[M].南京：凤凰出版传媒集团，江苏美术出版社,2005

[3]林福厚，马卫星.展示艺术设计[M].北京：北京理工大学出版社,2006

[4]叶朗.中国美学史大纲[M].上海:上海人民出版社,1999

[5]When Sace Meets Art[M].Victionary,2007

[6]Top Shops[M].Pilar Chueca.Page One Publishing Private imitied,2006